Christian Dongmo Teufack
Jules Romain Ngueguim
Minette Tomedi Eyango

Diversité des espèces halieutiques capturées par les pêcheurs artisans

Christian Dongmo Teufack
Jules Romain Ngueguim
Minette Tomedi Eyango

Diversité des espèces halieutiques capturées par les pêcheurs artisans

Identification et biométrie de quelques espèces aquatiques issues de la pêche artisanale maritime au Cameroun

Presses Académiques Francophones

Impressum / Mentions légales
Bibliografische Information der Deutschen Nationalbibliothek: Die Deutsche Nationalbibliothek verzeichnet diese Publikation in der Deutschen Nationalbibliografie; detaillierte bibliografische Daten sind im Internet über http://dnb.d-nb.de abrufbar.
Alle in diesem Buch genannten Marken und Produktnamen unterliegen warenzeichen-, marken- oder patentrechtlichem Schutz bzw. sind Warenzeichen oder eingetragene Warenzeichen der jeweiligen Inhaber. Die Wiedergabe von Marken, Produktnamen, Gebrauchsnamen, Handelsnamen, Warenbezeichnungen u.s.w. in diesem Werk berechtigt auch ohne besondere Kennzeichnung nicht zu der Annahme, dass solche Namen im Sinne der Warenzeichen- und Markenschutzgesetzgebung als frei zu betrachten wären und daher von jedermann benutzt werden dürften.

Information bibliographique publiée par la Deutsche Nationalbibliothek: La Deutsche Nationalbibliothek inscrit cette publication à la Deutsche Nationalbibliografie; des données bibliographiques détaillées sont disponibles sur internet à l'adresse http://dnb.d-nb.de.
Toutes marques et noms de produits mentionnés dans ce livre demeurent sous la protection des marques, des marques déposées et des brevets, et sont des marques ou des marques déposées de leurs détenteurs respectifs. L'utilisation des marques, noms de produits, noms communs, noms commerciaux, descriptions de produits, etc, même sans qu'ils soient mentionnés de façon particulière dans ce livre ne signifie en aucune façon que ces noms peuvent être utilisés sans restriction à l'égard de la législation pour la protection des marques et des marques déposées et pourraient donc être utilisés par quiconque.

Coverbild / Photo de couverture: www.ingimage.com

Verlag / Editeur:
Presses Académiques Francophones
ist ein Imprint der / est une marque déposée de
OmniScriptum GmbH & Co. KG
Heinrich-Böcking-Str. 6-8, 66121 Saarbrücken, Deutschland / Allemagne
Email: info@presses-academiques.com

Herstellung: siehe letzte Seite /
Impression: voir la dernière page
ISBN: 978-3-8416-3476-4

Copyright / Droit d'auteur © 2015 OmniScriptum GmbH & Co. KG
Alle Rechte vorbehalten. / Tous droits réservés. Saarbrücken 2015

SOMMAIRE

	pages
DEDICACE	i
REMERCIEMENTS	ii
RESUME	iii
ABSTRACT	iv
LISTE DES TABLEAUX	v
LISTE DES FIGURES	v
LISTE DES ANNEXES	vi
LISTE DES ABREVIATIONS	vi
INTRODUCTION	1
CHAPITRE I : REVUE DE LA LITTERATURE	3
I.1. Définitions de quelques concepts	3
I.2. Etat d'exploitation des ressources halieutiques marines	3
I.2.1. Importance de la ressource marine	3
I.2.2. Diversité des ressources halieutiques marines	4
I.3. Menaces de la Biodiversité marine	6
I.3.1. Analyse de la situation du milieu et de la ressource	6
I.3.2. Menaces potentielles	6
I.4. Gestion durable de la biodiversité marine	7
I.4.1. Durabilité et système d'exploitation	7
I.4.2. Action à mettre en œuvre	7
CHAPITRE II : MATERIEL ET METHODES	9
II.1. Présentation de la zone d'étude	9
II.1.1. Hydrographie	10
II.1.2. Relief	10
II.1.3. Climat	11
II.1.4. Sol	11
II.1.5. Végétation	12
II.1.6. Faune	12
II.1.7. Population	12
II.2. Collecte des données	13
II.2.1. Données secondaires	13

II.2.2. Données primaires	13
II.2.2.1. Matériel	13
II.2.2.2. Méthodes	14
II.3. Conduite de l'étude	14
II.4. Paramètres étudiés	15
II.5. Analyses statistiques	17
CHAPITRE III : RESULTATS ET DISCUSSION	18
III.1. Etat des lieux de la diversité des ressources halieutiques de Kribi	18
III.1.1. Indice de Shannon et Weaver (1949)	18
III.1.2. Indice de Pielou (1966)	19
III.1.3. Coefficient de similarité (S) de Sorensen	19
III.1.4. Indice de Bray-Curtis	20
III.2. Caractérisation des espèces capturées	20
III.2.1. Indice de valeur d'importance écologique	21
III.2.2. Sex-ratio	21
III.2.3. Evolution de la taille des captures	23
III.2.4. Relation taille-poids	24
III.3. Détermination des zones et des engins de pêche	26
III.3.1. Effort de pêche	26
III.3.2. Structure par taille de peuplement	26
III.3.3. Rythme de fréquentation des zones de pêche	28
CONCLUSION ET RECOMMANDATIONS	29
REFERENCES BIBLIOGRAPHIQUES	30
ANNEXES	32

DEDICACE

A toute la famille DONGMO.

REMERCIEMENTS

Il m'est particulièrement agréable d'adresser mes sincères remerciements à tous ceux dont les contributions ont permis de réaliser ce document. Il s'agit de :
- Pr TOMEDI EYANGO Minette Epse TABI, Maître de conférences, Directeur de l'Institut des Sciences Halieutiques pour sa rigueur au travail et la supervision de ce rapport ;
- Dr ONANA Joseph, Directeur de Recherche, Chef du Centre Spécialisé de Recherche sur les Ecosystèmes Marins pour nous avoir accordé ce stage au sein de sa structure ;
- M. NGUEGUIM Jules Romain, Chargé de Recherche à l'IRAD de Kribi qui, malgré ses multiples occupations a accepté l'encadrement technique de ces travaux et nous a fourni la documentation nécessaire ;
- Tous les Coordonnateurs des différentes filières en particulier le Coordonnateur de la filière Océanographie, M. EBONJI Serges Rodrigue pour les enseignements reçus et l'encadrement académique de ce stage ;
- Tout le corps administratif et enseignant de l'ISH qui n'a cessé de ménager tous les efforts devant contribuer à l'amélioration de notre formation ;
- M. ITON Robespierre, Mme YEBGA Myriam, Mme NSAH Immaculate, Mlle GHEPDEU Gisèle, M. AYISSI Isidore, Mlle MOTTO Isabelle, Mlle NKONGHO Geneva, M. SEMENGUE Pierre, M. BILOUNGA Ulrich, faisant tous partir du personnel du centre pour leurs conseils et encouragements ;
- M. EYEBE Gaston Délégué Départemental des Pêches de l'Océan, M. NANA TABET Directeur du CECOPAK, M. NNENGUE Martin Chef de poste de contrôle des pêches de Londji, M. ANON Pierre Technicien au MINEPIA, pour leur disponibilité et suggestion ;
- Tous les pêcheurs pour leur collaboration et dont les captures ont permis de réaliser les travaux d'identification et de biométrie des espèces capturées ;
- Tous mes camarades de la première promotion des étudiants à l'ISH pour l'environnement conviviale durant cette formation ;
- La famille TSAFOUET pour son hospitalité tout au long de ce stage ;
- Toute ma famille pour le soutien sans faille qu'elle m'a toujours apporté ;
- Tous ceux qui, de près ou de loin ont œuvré tant matériellement que moralement à l'aboutissement de ce travail, et qui n'ont pas nominativement été mentionnés dans ce document reçoivent ici ma profonde gratitude.

RESUME

La façade maritime de Kribi est une zone qui héberge une biodiversité considérable dont il convient de faire l'état comme dans les autres écosystèmes, afin de répondre aux obligations et engagements prises par la Cameroun suite à la ratification de la Convention sur la Diversité Biologique en 1994. C'est dans ce contexte qu'une étude sur la diversité des espèces halieutiques capturées par les pêcheurs artisans de Kribi a été réalisée au Centre Spécialisé de Recherche sur les Ecosystèmes Marins, en vue de contribuer à l'amélioration des connaissances sur les potentialités des richesses naturelles des eaux Camerounaises. L'inventaire et la description de la biodiversité présente dans les débarcadères de Mboa-manga, Londji, Nzami et Goyé durant la période d'avril à juillet 2012 passent par l'analyse des captures et l'interview des pêcheurs. Pour y parvenir, un certain nombre d'indicateurs écologiques et biologiques ont été définis et calculés.

Pour les 24 descentes effectuées sur le terrain pendant ces trois mois d'études soit 2 descentes par semaine (le mercredi et samedi), 1329 individus regroupés en 3 embranchements, 5 classes, 17 ordres, 43 familles, 58 genres et 68 espèces ont été identifiés et caractérisés (longueur totale, hauteur du corps, poids, sexe), pour une biomasse totale de 876,969 kg. Les données relatives aux mesures de longueur des espèces capturées varient entre 4,8 pour *Paleamon hastatus* et 210 cm pour *Leptocharias smithii* avec une dominance de 31 individus ayant une taille égale à 23 cm. Par contre, les poids obtenus oscillent entre 10 g (pour *Selene dorsalis, Sardinella aurita, Pentanemus quinquarius, Paleamon hastatus, Lysiosquilla hoevenii, Ilisha africana, Ethmalosa fimbriata, Chloroscombus chrysurus, Caranx hippos*) et 170 kg pour *Leptocharias smithii*. Cette biodiversité halieutique (H'=5,9) est dominée à 64,71% par les femelles, avec 2,93% d'espèces hermaphrodites représentées par l'escargot de mer *Cymbium glans*. Les pêcheurs de Kribi fréquentent généralement les mêmes zones de pêche situées entre les embouchures de la Sanaga et du Ntem, et opèrent jusqu'à 40 m de profondeur avec des engins variés tels les sennes de plage, le harpon, les filets, l'épervier, les lignes et dont l'effort varie d'un engin à l'autre.

Mots clés : Biodiversité, espèce, halieutique, pêcheur artisan, indice de diversité.

ABSTRACT

The maritime front of Kribi is a zone which lodges a considerable biodiversity of which it is advisable to make the state as in the other ecosystems, in order to answer the obligations and commitments taken by Cameroon following the ratification of Convention on Biological Diversity in 1994. It is in this context that a study on the diversity of the fisheries species captured by the craftsmen fishermen of Kribi was carried out in the Specialized Research Center on the Marine Ecosystems, in order to contribute to the improvement of knowledge on the potentialities of the Cameroonian natural water resources. The inventory and the description of the biodiversity present in the landing stage of Mboa-manga, Londji, Nzami and Goyé during the period from April to July 2012 takes place after the analysis of the captures and the interview of the fishermen. For that purpose, a certain number of ecological and biological indicators were defined and calculated.

Among the 24 campaign carried out on the field during the three months of studies with a periodicity of 2 outgoing per week (Wednesdays and Saturdays), 1329 individuals gathered in 3 phylum, 5 classes, 17 orders, 43 families, 58 genus and 68 species were identified and characterized (total length, height of the body, weight, sex), for a total biomass of 876.97 kg. The relative data to the total length of the captured species vary between 4.8 for *Paleamon hastatus* and 210 cm for *Leptocharias smithii* with a predominance of 31 individuals having a size equal to 23 cm. On the other hand, the weights obtained oscillate between 10 g (for *Selene dorsalis, Sardinella aurita, Pentanemus quinquarius, Paleamon hastatus, Lysiosquilla hoevenii, Ilisha africana, Ethmalosa fimbriata, Chloroscombus chrysurus, Caranx hippos*) and 170 kg for *Leptocharias smithii*. This fisheries biodiversity (H' =5.9) is dominated to 64.71% by the females, with 2.93% of species hermaphrodites represent by the sea snail *Cymbium glans*. The fishermen of Kribi generally attend the same fishing zones located between the mouth of Sanaga and Ntem and operate up to 40 m depth with varied machines such as the beach seines, harpoon, fishing nets, sparrow hawk, lines and whose effort varies from one machine to another.

Key words: Biodiversity, species, halieutic, Fishing craftsman, diversity index.

LISTE DES TABLEAUX

Pages

Tableau I : Evolution des captures de poisson, crustacé, mollusque au Cameroun de 2000 à 2009 4

Tableau II : Principales ressources halieutiques marines couramment exploitées au Cameroun et biodiversité associée (Crosnier, 1964 modifié) 5

Tableau III : Caractéristiques des Principaux Fleuves de la Région Côtière de Kribi (Olivry, 1986 modifié) 10

Tableau IV : Calcul de l'indice de Shannon et Weaver (1949) 18

Tableau V : Nombres d'individus par site d'étude et calcul du coefficient de similarité de Sorensen 19

Tableau VI : Calcul du sex-ratio des espèces 22

Tableau VII : Tailles minimales recommandées, tailles minimales obtenues et proportion des individus n'ayant pas la taille exploitable 23

Tableau VIII : Relation taille-poids et coefficient de corrélation de certaines espèces halieutiques 24

Tableau IX : Différentes expressions de l'effort de pêche à Kribi 26

LISTE DES FIGURES

Pages

Figure 1 : Situation géographique de la zone d'étude 9

Figure 2 : Relief et hydrographie de Kribi 10

Figure 3 : Profil du sol de Kribi en fonction de la physionomie 11

Figure 4 : Différent matériel utilisé 14

Figure 5 : Evolution de la production et classification hiérarchique ascendante 21

Figure 6 : Relation taille-poids pour quelques espèces démersales (a, b, c, d, e), pélagiques (f, g), crustacés (h) et mollusques (i) exploitées à Kribi 25

Figure 7 : Structure de peuplement des différents sites d'étude 27

LISTE DES ANNEXES

	Pages
Annexe 1 : Trame d'enquête	32
Annexe 2 : Exemple de fiche de mensuration	33
Annexe 3 : Diversité des espèces halieutiques capturées par les pêcheurs artisans de Kribi	34
Annexe 4 : Calcul de l'indice de valeur d'importance écologique	39
Annexe 5 : Relation taille-poids pour quelques espèces	40
Annexe 6 : Photographie des engins utilisés et des méthodes de collecte de données	44

LISTE DES ABREVIATIONS

AGR :	Activités Génératrices de Revenus
CDB :	Convention sur la diversité biologique
CECOPAK :	Centre Communautaire de Pêche Artisanale de Kribi
CERECOMA :	Centre Spécialisé de Recherche sur les Ecosystèmes Marins
COPACE :	Comité des Pêches pour l'Atlantique Centre-Est
COTCO :	Cameroon Oil Transportation Company
FAO :	Organisation des Nations Unies pour l'alimentation et l'agriculture
GPS :	Global Positioning System
HEVECAM :	Hévéa du Cameroun
IRAD :	Institut de Recherche Agricole pour le Développement
ISH :	Institut des Sciences Halieutiques
MEAO :	Mission d'Etude et d'Aménagement de l'Océan
meq :	Milli équivalent
MINEF :	Ministère de l'Environnement et des Forêts
MINEP :	Ministère de l'Environnement et de la Protection de la nature
MINEPIA :	Ministère de l'Elevage des Pêches et des Industries Animales
MINRESI :	Ministère de la Recherche Scientifique et de l'Innovation
ONG :	Organisations Non Gouvernementales
Ppm :	Parti par million
PUE :	Prises par Unité d'Effort
SOCAPALM :	Société Camerounaise de Palmerais
ZEE :	Zone Economique Exclusive

INTRODUCTION

Contexte et justificatifs

Depuis quelques années, la pêche connaît une crise sans précédent suite à divers phénomènes provoqués et entretenus par l'Homme tels la surexploitation des océans, le développement de la pêche industrielle ; la dégradation de l'environnement et diverses autres activités anthropiques avec pour menace l'extinction de nombreuses espèces halieutiques (Cse et Cerpod, 1996). Les ressources s'amenuisent au fil du temps et selon la FAO (a, 1995), près de trois quart des espèces aquatiques sont entièrement épuisées. Ces fortes pressions d'exploitation des ressources marines imposent des mesures de gestion durable. Au niveau international, la FAO a établi depuis 1995 un « Code de Conduite pour une Pêche Responsable » qui fixe les quotas pour limiter les captures des espèces en danger.

En Afrique, l'épuisement des stocks halieutiques entraînerait des conséquences économiques et sociales. Or, les tendances actuelles de l'évolution des stocks montrent des signes tels la diminution de la taille moyenne des poissons capturés, la réduction des prises par unité d'effort (PUE) de plusieurs espèces notamment les espèces démersales côtières. Cette situation de crise des pêcheries marquée par l'extinction de la biodiversité a favorisé l'émergence du concept de pêche durable. Bien que le terme de durabilité ait été popularisé depuis 1987 par la diffusion du concept de développement durable (Brundtland, 1987), le concept d'agriculture durable et de société durable était déjà discuté depuis quelques années sur le continent nord-américain (Estevez et Domon, 1999).

Une action combinée des facteurs géographiques favorables est à l'origine de la richesse des eaux maritimes camerounaises en ressources halieutiques diversifiées. En effet, malgré l'absence des phénomènes d'upwelling dans cette partie du Golfe de Guinée, la température des eaux et la durée d'insolation adéquates, les apports terrigènes en provenance des cours d'eau (Wouri, Sanaga, Ntem, Nyong, Moungo, Mémé, Dibamba, …) expliquent la grande diversité biologique des eaux marines et côtières du Cameroun, dotées d'une forte richesse spécifique évaluée à près de 381 espèces de poissons (MINEF, 1999).

Problématique et justificatifs

Fort de constater que, les prélèvements sur la ressource disponible ont largement dépassé les capacités de renouvellement des stocks, ce qui est synonyme de surexploitation avec pour conséquences une perte continue de la biodiversité (Camara, 2008). Ceci étant, il se soulève la question de savoir : Comment gérer de façon efficace la biodiversité halieutique dans l'optique d'un développement durable utile pour les générations futures, sans pour autant compromettre notre bien être socioculturel et économique?

Objectifs

Le but général de cette étude est de contribuer à l'amélioration des connaissances sur la diversité des ressources halieutiques prélevées par les pêcheurs artisans de Kribi, au Sud du Cameroun. Spécifiquement, il s'agit de :
- Dresser l'état des lieux des espèces marines et côtières du Sud ;
- Caractériser les espèces capturées ;
- Recenser les zones et les engins de pêches utilisés.

Importance de l'étude

Au niveau local : Dans les campements de pêche de Kribi, des actions telles les périodes de fermeture seront établies pour permettre un renouvellement de la ressource ;

Au niveau national : Les données récoltées serviront d'informations de référence quant au projet de création de parc-marin dans les environs de Kribi en vue de renforcer l'économie national à travers le touristique

Au niveau théorique : La connaissance de la biodiversité permettra d'élaborer une base de données et un catalogue des différentes espèces marines exploitées au Cameroun.

Limite de l'étude

Les limites rencontrées tout au long de cette étude se définissent en termes d'absence de données physiologiques et bibliographiques, de matériels de sorties en mer, de prélèvement et d'échantillonnage.

Structure du document

Hors mis l'introduction et la conclusion, le présent document abordera successivement trois parties consacrées à la revue de la littérature (chapitre I), au matériel et méthodes (chapitre II) et aux résultats et discussions (chapitre II).

CHAPITRE I : REVUE DE LA LITTERATURE

I.1. Définitions de quelques concepts

La Convention sur la diversité biologique (CDB) définie de façon formelle **la Biodiversité** dans son Article 2 comme étant, "la variabilité des organismes vivants de toute origine, y compris, entre autres, les écosystèmes terrestres, marins et autres écosystèmes aquatiques (fleuves, retenues, …) et les complexes écologiques dont ils font partie; cela comprend la diversité au sein d'une même espèce (diversité génétique), entre les espèces (diversité des espèces) et entre les écosystèmes (diversité des écosystèmes)" (Convention de rio, 1992).

L'Espèce est un concept flou dont il existe une multitude de définitions dans la littérature scientifique. Dans son sens le plus simpliste, le concept d'"espèce" permet de distinguer les différents types d'organismes vivants. Mais la définition la plus communément admise est celle du concept biologique de l'espèce énoncé par Ernst Mayr (1942) selon lequel: une espèce est une population ou un ensemble de populations dont les individus peuvent effectivement ou potentiellement se reproduire entre eux et engendrer une descendance viable et féconde, dans des conditions naturelles. Ainsi, l'espèce est la plus grande unité de population au sein de laquelle le flux génétique est possible et les individus d'une même espèce sont donc génétiquement isolés d'autres ensembles équivalents du point de vue reproductif.

Science halieutique : Science de l'exploitation et de la gestion des ressources vivantes aquatiques (encarta, 2009).

Les pêcheurs artisans sont un ensemble d'individus qui effectuent une activité d'exploitation des êtres vivants qui peuplent les océans, les fleuves et les retenues, ceci de façon artisanale (FAO b, 1995) [1].

I.2. Etat d'exploitation des ressources halieutiques marines

I.2.1. Importance de la ressource marine

Les ressources halieutiques marines (exploitées par la pêche artisanale et la pêche industrielle) sont d'une importance considérable pour le pays où elles contribuent pour une large part à la sécurité alimentaire, à l'emploi et à l'économie nationale. On note de ce fait une évolution de la demande de cette ressource au Cameroun qui se traduit par l'augmentation du taux des captures.

Tableau I : Evolution des captures de poisson, crustacé, mollusque au Cameroun de 2000 à 2009

Période	2000	2001	2002	2003	2004	2005	2006	2007	2008	2009
Population	15678269	16039737	16408085	16783366	17165267	17553589	17948395	18350022	18758778	19175028
Captures (t)	112 109	121 031	130 135	117 801	129 000	142 350	137 232	138 612	138 000	138 000

Source : [2]

D'une façon générale et selon les conclusions du Copace (Camara, 2008), les espèces pélagiques sont considérées comme modérément exploitées, les espèces démersales pleinement exploitées voir même surexploitées. Avec cette diminution des ressources halieutiques, il se trouve que nous ne puissions satisfaire les besoins des communautés futures qui ne verront point ce patrimoine naturel épuisable. Face à cette situation, des mesures doivent être prises pour rationaliser la gestion des pêcheries afin qu'elles contribuent pleinement aux économies nationales, à la lutte contre la pauvreté et l'insécurité alimentaire, à la conservation des ressources et des écosystèmes marins afin de maximiser leur productivité et assurer la durabilité économique et sociale de la pêche et celle de la biodiversité (Moctar, 2002).

I.2.2. Diversité des ressources halieutiques marines

Les études sur les pêcheries maritimes camerounaises ont commencé en 1912 (Monod, 1928). Plusieurs études ont été ensuite réalisées notamment celles de Folack et Njifonjou (1995), Njifonjou (1999) et les espèces exploitées sont essentiellement constituées des poissons pélagiques (*Sardinella maderensis* et *Ethmalosa fimbriata*) à 63%, des démersaux (*Pseudotolithus typus, Lutjanus endecacanthus*) à 19%, des crevettes d'estuaires (*Palaemon hastatus*) à 16%, des crevettes profondes (*Euparopeus africanus*) à 2% et des mollusques (*Purpura yetus, P. collifera*) (Folack, 2001). Leur distribution écologique a été décrite par Crosnier (1964) et la production nationale est passée de 23 000 t en 1983 à 10 000 t en 1990 pour se stabiliser autour de 7 000 t en 1996. Meke (2005) estime une production annuelle de l'ordre de 4 000 t. Les principales espèces exploitées dans les eaux marines camerounaises, leur habitat et leur écologie sont présentées dans le tableau II.

Tableau II : Principales ressources halieutiques marines couramment exploitées au Cameroun et biodiversité associée (Crosnier, 1964 modifié)

Diversité	Ecologie	Nature de l'habitat	Etat d'exploitation	Causes
Espèces de poissons pélagiques				
Sardinella maderensis (strong kada); Ethmalosa fimbriata (bonga)	Eaux estuariennes	Boueux sableux Jusqu'à 50 m	Exploitation modérée	Exploitation artisanale, campements de pêche souvent enclavés, ce qui limite la distribution des captures
Espèces de poissons démersaux				
Pseudotolithus typus, P. senegalensis (bar)	Eaux marines de surface chaudes	Boueux, sableux et rocheux	Surexploitées	Augmentation de l'effort de pêche, non-respect de la législation/surveillance insuffisante, demande croissante des produits de pêche, emploi des techniques de pêche inappropriées
Galeoides decadactylus, Pteroscion peli, Brachydeuterus auritus,	Eaux estuariennes	Boueux, sableux Jusqu'à 50 m		
Pseudotolithus elongatus (bar), Arius spp	Eaux côtières	Sable boueux jusqu'à 150 m		
Drepane africana, Pentanemus quinquarius	Eaux côtières	Boue sableuse 20-50m		
Dentex angolensis, D. congolensis, Epinephelus aeneus	Sous la thermocline, eau froide et salée	Roche sableuse 40-300m		
Lutjanus endecacanthus, L. goreensis	Base de la thermocline	Fond rocheux		
Cynoglossus spp	Zone de la thermocline	Boueux sableuse 15-300 m		
Espèces de crustacés				
Parapenaeuspsis atlantica, Paleamon hastatus	Eaux estuariennes chaudes et légèrement salées	Boue sableuse 10-50 m	Surexploitées	Alimentation
Penaeus duorarum	Zone de la thermocline	Boue sableuse		
Euparopeus africanus, Callinectes latimatus	Eaux saumâtres, estuariennes et fluviales	Boue et mangroves		
Ocypoda ippeus	/	Plages sableuses		
Espèces de mollusques				
Sponaria mouret, Purpura yetus, P. collifera	Substrat solide	Plages rocheuses	Sous-exploitées	Manque d'intérêt dû aux habitudes alimentaires, technologies d'exploitation peu développées, faible valeur marchande
Sepia officinalis	Pleine mer	Boue sableuse (0-200m)		
Mytilus tenuistriatus	/	/		
Crassostrea gasar, C. rufa	Racines des Rhizophora, plages rocheuses	/		

Source: Folack, 2001

I.3. Menaces de la Biodiversité marine

I.3.1. Analyse de la situation du milieu et de la ressource

Plusieurs activités humaines constituent une menace pour le milieu marin au Cameroun dans la mesure où, le plus grand nombre de populations et d'industries sont en majorité concentrées tout le long la bande côtière. Ceci est à l'origine d'une pollution domestique et industrielle très importante. Les activités de pêche, notamment les sennes de plage, peuvent détruire les habitats (rochers, herbiers), ce qui est très préjudiciable pour la survie de la ressource. Certains pêcheurs artisans évoquent le chalutage comme une des raisons qui est à l'origine de la diminution des mérous en Afrique (Sane, 2000). Le problème majeur lié à la pérennité de la ressource aquatique, reste l'état d'exploitation inquiétant pour la plupart des stocks à haute valeur commerciale, notamment les espèces démersales côtières. A cela, il faut ajouter une connaissance insuffisante des potentiels de stocks et des quotas exploitables. Par ailleurs, du fait de l'absence d'une nette matérialisation des barrières (frontières) aquatiques, beaucoup de ressources halieutiques sont partagées par plusieurs pays. Or, les politiques de pêche sont le plus souvent et principalement guidées par des approches nationales (Wague et M'bodj, 2001), d'où l'enjeu d'une gestion transfrontalière.

I.3.2. Menaces potentielles

La biodiversité marine du Cameroun riche et diversifiée est menacée du fait de diverses activités anthropiques. Le développement des actions en vue de promouvoir sa conservation, notamment par la mise en place d'un système de suivi des principales espèces est indispensable (Njock, 1980) car au du temps, les zones maritimes continuent à subir un certain nombre de subtilités parmi lesquelles :

- le développement côtier (Urbanisation anarchique) avec sa tendance à la dégradation de l'habitat ;
- les pollutions diverses (industrialisations) conduisant à l'appauvrissement de la teneur de l'eau en oxygène et dû à la prolifération des végétaux ;
- la concentration progressive d'hydrocarbures chlorés dans le milieu marin du fait des activités offshores ;
- la faiblesse dans la gouvernance maritime en termes de bénéfice ;
- la marginalisation des communautés locales dans la prise de décisions ;
- le faible développement des activités économiques génératrices de revenus en milieu rural.

En ce qui concerne les aspects de durabilité de la pêche relatifs au milieu marin, il est aujourd'hui reconnu par tous les acteurs (pêcheurs, scientifiques, gestionnaires) que la pêche ne peut survivre que si les écosystèmes marins dont elle dépend sont en bonne santé, ce qui ne peut se faire que par l'intégration de la protection de l'Environnement marin dans les politiques de pêche. Il serait très intéressant d'envisager d'autres études complémentaires dans l'optique d'améliorer la biodiversité marine qui jusqu'ici reste très peu connue (Snh et Envirep, 2007).

I.4. Gestion durable de la biodiversité marine

I.4.1. Durabilité et système d'exploitation

Il importe pour assurer la durabilité de la pêche, qu'une meilleure coopération entre les ministères de l'environnement et de la pêche se fasse. Le secteur de la pêche artisanale a connu ces deux dernières décennies un développement spectaculaire. Malheureusement des efforts comparables de réflexion n'ont pas été faits par les gestionnaires et les scientifiques pour accompagner cette évolution. Il s'ensuit de ce fait que la législation de la pêche n'est pas adaptée au contexte actuel de la pêche artisanale, très dynamique. Peu d'outils efficaces sont actuellement disponibles pour réguler l'effort de pêche artisanale. Ceci peut être grave car les pêcheurs artisans opèrent dans la bande la plus côtière où se trouvent les nourriceries et les zones de reproduction (Wallström, 2000).

I.4.2. Action à mettre en œuvre

L'espace côtier et marin est assez complexe par rapport aux problématiques environnementales actuelles et selon la Commission mondiale sur l'Environnement et le Développement (1987), le développement durable se définit comme tout développement qui satisfait les besoins des populations présentes sans pour autant compromettre la capacité des générations futures à satisfaire leurs propres besoins (désirs). Or toutes les mesures de suivi et de mise en œuvre des instruments juridiques nationaux et internationaux n'ont de portée que dans le cadre d'un véritable plan d'action global. De ce fait Njock propose en 1990 un plan qui devrai intégrer à la fois les mesures de surveillance, de protection et de conservation des ressources naturelles et celles liées à la valorisation des réserves par une exploitation transparente et durable. Ce plan prend en compte l'identification des programmes d'activités en vue de la protection et la surveillance des milieux marins et côtiers contre les pollutions diverses. Il comprend entre autre :

- Le programme de suivi et de contrôle de la pollution pétrolière au Cameroun ;
- L'intégration de la biodiversité marine dans les activités de gestion et d'exploitation de la mer ;

- La conservation et l'exploitation durable des ressources marines et côtières.

La pollution étant vue ici comme tout phénomène de perturbation qui affecte l'écologie d'un écosystème soit par l'ajout d'une substance appelée polluant, soit par le retrait d'un élément très important du milieu. De nombreux rapports récents de la FAO (2001) ainsi que d'autres organisations intergouvernementales et d'ONG font peser des doutes sur la contribution des pêches au développement durable.

CHAPITRE II : MATERIEL ET METHODES

II.1. Présentation de la zone d'étude

L'étude s'est déroulée du 11 avril au 17 juillet 2012 au Centre Spécialisé de Recherche sur les Ecosystèmes Marins (CERECOMA) de Kribi, située dans la région du Sud Cameroun, Département de l'Océan, Arrondissements de Kribi I et II (figure 1). Cette zone côtière de collecte de données est située au cœur du golfe de Guinée entre les latitudes 02°57'00" et 03°02'30" Nord, et les longitudes 9°56'0" et 10°01'30" Est, avec une altitude moyenne de 18 m.

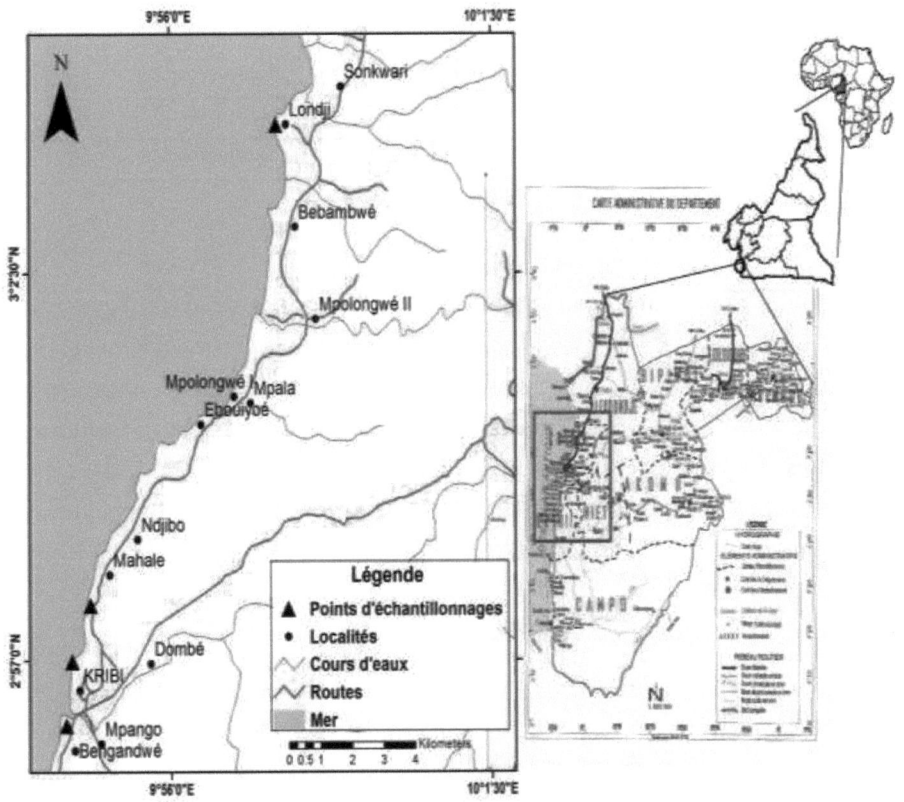

Figure 1 : Situation géographique de la zone d'étude
Source : Meao, 2012 modifié

II.1.1. Hydrographie

Le réseau hydrographique de la ville de Kribi est dense avec des fleuves dont la plupart prennent leur source dans le plateau Sud-Camerounais avant de se jeter dans l'océan Atlantique. Ces fleuves sont faits de rapides rocailleux et de petites chutes dont la plus spectaculaire reste « la chute de Lobé », principale site touristique de la région (Vivien, 1991). Les principales caractéristiques de ces fleuves sont les suivantes :

Tableau III : Caractéristiques des Principaux Fleuves de la Région Côtière de Kribi (Olivry, 1986 modifié)

Fleuves	Longueur (km)	Bassin versant (km^2)	Source
Nyong	800	29 000	A l'est d'Abong-mbang
Lokoundjé	185	1 150	Région de Mvégué
Kienké	130	1 435	A l'est d'Akom II
Lobé	130	1 900	Région de Nkolbengué
Ntem	460	31 000	Au nord du Gabon

Source : Vivien, 1991

II.1.2. Relief

Le plateau continental de Kribi est d'environ 10.600 km^2, sa Zone Economique Exclusive (ZEE) est de 15.400 km^2. A l'est de la région, le relief le plus haut atteint 300 m par endroits (figure 3). On note une alternance de plages sableuses et d'affleurements rocheux métamorphiques, fréquemment ouvert par des estuaires ensablés. Le relief du plateau continental est accidenté en raison de bancs rocheux et de buttes de sable (Folack, 2001).

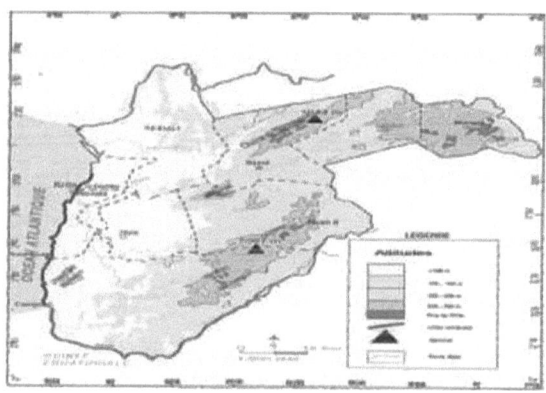

Figure 2 : Relief et réseau hydrographie de Kribi
Source: Meao, 2012

II.1.3. Climat

La région de Kribi a un climat de type équatorial soumis à l'influence marine, avec des moyennes annuelles de 3 000 mm. On y distingue quatre saisons : une grande saison de pluies de mi-août à novembre, une petite saison de pluies de mars à juin, une grande saison sèche de décembre à mi-mars et une petite saison sèche de juin à mi-août. Le mois le plus chaud, février, à une température moyenne maximale de 32 °C, et une moyenne minimale de 25 °C. Le mois de septembre est le plus pluvieux avec d'importante quantité de pluies atteignant les 483 mm. Le mois de décembre est le plus sec avec 59 mm de pluies tandis que celui d'août est le plus froid avec une température moyenne maximale de 28 °C, et un minimum de 23 °C. L'humidité est élevée tout le long de l'année, avec des vents n'excédant pas les 10 km/h et généralement dirigés vers le Sud-Ouest (mousson) du fait du couvert végétal développé sur le plateau du Sud Cameroun (Snh et Envirep, 2007).

II.1.4. Sol

En règle générale, les sols de Kribi ont un pH acide, de l'ordre de 4,1. La perméabilité est forte en surface et diminue avec la profondeur et, la teneur en matière organique est de l'ordre de 2%. En ce qui concerne la granulométrie, une certaine variation des sols peut être notée en particulier selon la structure et la texture, par variation du pourcentage d'éléments grossiers. Le profil type répond aux caractéristiques suivantes : sol sableux ou sablo-argileux à argilo-sableux. Les variations de la physionomie des profils en particulier en ce qui concerne la présence d'éléments grossiers (gravillons, concrétions ferralitiques, blocs de roche) laisse supposer l'existence de deux types de sols : les sols ocres (sans éléments grossiers) et les sols gravillonnaires (Njifonjou, 1999).

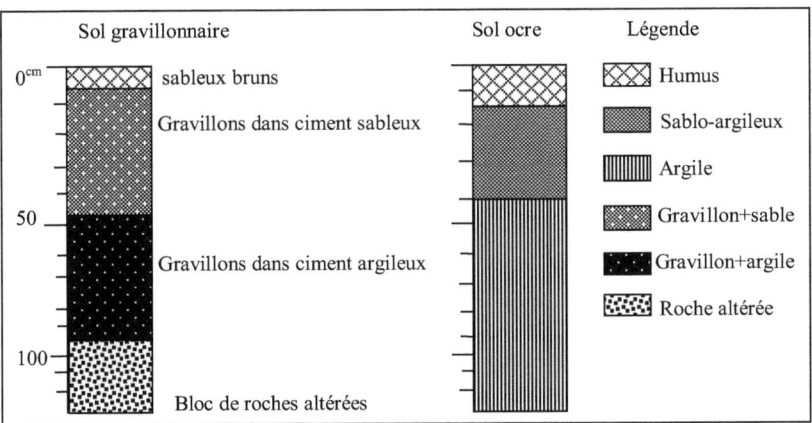

Figure 3 : Profil du sol de Kribi en fonction de la physionomie

II.1.5. Végétation

Environ 20 types de végétation (arbres, arbustes, lianes, fougères, mousses, …) sont identifiés au niveau de la côte de Kribi qui abrite à elle seule plus de 1500 espèces végétales réparties en 640 genres et 141 familles. La flore est influencée par le climat et l'on a pu observer une stratification regroupée en strate herbacée, strate arbustive et forêt littorale. Cependant, toute cette composante est de nos jours affectée par les activités économiques humaines nuisibles à l'environnement : exploitation des forêts, fumages des produits de la pêche, bois de construction, ... outre les six espèces de mangrove présentes dans la zone de Kribi-Campo, on trouve également les forêts de bordure côtière ou forêt à Avicenniaceae, Caesalpinioideae riches en *Socoglotis gabonensis*, *Hibiscus escalentus* (Gombo), *Dalbergia acastaphyllum*, *Drepanocarpus lunatus* et des Arécaceae (palmier, cocotier) (MINEP, 2008).

II.1.6. Faune

La zone de Kribi regorge d'une faune aquatique qui subit une pression sans limite dans tous les compartiments de l'océan ainsi qu'au niveau de ses fleuves. Environ 249 espèces différentes de poissons sont connues dans la région. De ces espèces, quatre y sont endémiques et celles couramment rencontrées sont : Les espèces pélagiques (*Sardinella* et *Ethmalosa*) et les espèces démersales comme le bar, la carpe commune, le bossu, le maquereau, le capitaine et le requin. On dénombre 80 espèces de grands et petits mammifères, 18 espèces de primates (éléphants, chimpanzés, gorilles, lamantins africains), 122 espèces de reptiles, 80 espèces d'amphibiens dont la vulnérable grenouille Goliath, trois espèces menacées de crocodiles (crocodile africain, le crocodile du Nil, le crocodile nain) et quatre espèces de tortues marines en danger (tortue imbriquée, tortue luth, tortue verte et tortue Olivâtre). Les études d'Ornithologie ont confirmé la présence de 302 espèces d'oiseaux, 28 espèces de chauve-souris (dont *Nycteris major* et *Hipposiderus curtus*), 7 espèces d'écureuils volants et 3 espèces de pangolins (Folack, 2001).

II.1.7. Population

Selon le décret n° 2007/115 du 23 avril 2007 portant division des arrondissements, on estime à 33 298 la population de Kribi I et à 39 156 celle de Kribi II. Cette partie du pays a une faible densité de population d'environ 10 habitants au Km^2. Les groupes socioculturels se classent en 7 grands ensembles ethniques différents à savoir les :

- Bulu, principalement fermiers et chasseurs, entre Kribi et Mefo ;
- Ntoumou, principalement fermiers et chasseurs, entre Mefo et Mvi'ilimengalé ;

- Batanga et Yassa, populations côtières, principalement pêcheur, entre Kribi et Campo ;
- Mabéa, fermiers, chasseurs, pêcheurs établis dans le village de Mabiogo ;
- Mvae peuples de la forêt, chasseurs, agriculteurs et pêcheurs entre Bouandjo et Itonde ;
- Bagyéli (pygmées) populations nomades, vivant de la chasse et de la cueillette.

En dehors des Batanga et Mabéa qui sont autochtones dans la région, on note également la présence des communautés allogènes et étrangères. Sur le plan économique, les habitants tirent l'essentiel de leurs revenus des activités découlant du secteur primaire, secondaire, tertiaire avec des prédominances de l'activité halieutique. Ces Activités regroupent : l'Agriculture, la pêche, l'exploitation du bois, le tourisme, la chasse, l'extraction du sable, les activités industrielles (exploration et production : COTCO, HEVECAM, SOCAPALM) [3].

II.2. Collecte des données

Le déroulement de cette étude passe par la collecte de deux types de données de sources différentes dont les données primaires et les données secondaires.

II.2.1. Données secondaires

Elles proviennent des documents mis à notre disposition par nos encadreurs, des œuvres présentent dans les bibliothèques de l'IRAD de Kribi, du CECOPAK, de la délégation départementale du MINEPIA et du poste de contrôle des pêches de Londji, des sites internet et des supports de cours.

II.2.2. Données primaires

Elles représentent celles directement collectées sur le terrain au moyen d'outils (matériels) appropriés, ceci suivant une méthodologie bien définie et spécifiquement adaptée.

II.2.2.1. Matériel

L'ensemble du matériel utilisé pour cette étude comprend :
- Une règle transparente de 50 cm et un ichtyo-mètre en bois d'1 m de long pour les mesures respectives des paramètres biométriques (prises des tailles : longueurs et hauteur du corps) des petites et grandes espèces ;
- Une balance électronique sensible à 0,1 g de marque Ohaus et une balance commerciale de marque Naval pour peser respectives des petits et gros spécimens.

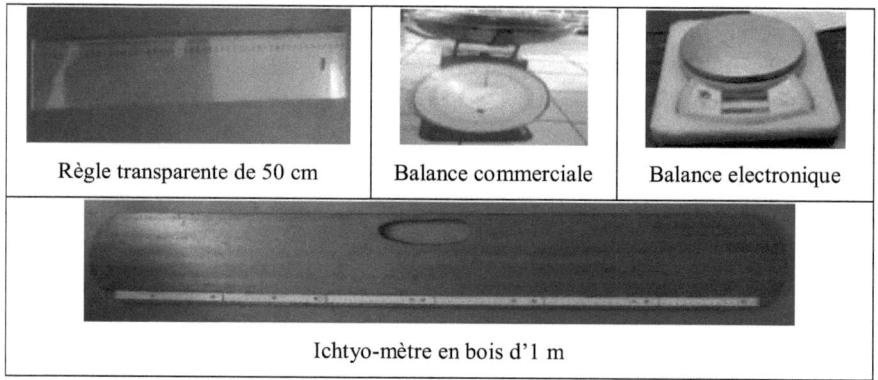

Figure 4 : Différent matériel utilisé

II.2.2.2. Méthodes

Les informations sur les différents engins et zones de pêche sont obtenues grâce à une trame d'enquête élaborée et administrée aux pêcheurs. Les données morphologiques collectées sur une fiche de synthèse regroupent les paramètres suivants :

- La longueur totale : elle représente la distance horizontale allant de l'extrémité antérieure du museau à l'extrémité postérieure de la nageoire caudale ;
- La hauteur du corps qui représente la hauteur verticale maximale du poisson, nageoires non comprises ;
- Le poids : les espèces sont pesées à plat sur le ventre ou sur le flanc, reposant sur un plat en inox posé au-dessus de la balance ;
- Le sexe du poisson est déterminé par des observations de visu ;
- Les catalogues d'identification de Wolfgang Schneider (1992) et de Jacques Vivien (1991) ont permis d'identifier et de classifier les espèces capturées.

II.3. Conduite de l'étude

Les descentes de collecte dans les débarcadères ont eu lieu tous les mercredi et samedi, jours de fort débarquement pour la plupart des pêcheurs professionnels. En effet les pêcheurs font deux sorties en mer par semaine, suivant une périodicité de trois jours par campagne. Ils vont le lundi et rentrent mercredi, repartent le jeudi pour revenir samedi. Parmi les huit débarcadères que comptent le département de l'Océan, ces données sont collectées dans les quatre plus affluents à savoir Londji, Nzami, Goyè, Mboa manga. Le choix de ces quais d'accostage dépend essentiellement du nombre de pêcheurs, de la forte intensité de l'activité de pêche, mais aussi de l'accessibilité. Les entretiens avec les pêcheurs se sont fait très souvent sur rendez-vous, du fait de leurs indisponibilités et les questions orientées sur les variétés d'espèces capturées (qualités) et sur l'évolution de la ressource (quantités). Lors des débarquements, les caractères morphologiques sont mesurés pour la plus part des individus. Pour une espèce prise au hasard, nous commençons par l'identifier, puis nous relevons successivement la longueur totale, la hauteur du corps, le poids, le sexe et le nom local.

II.4. Paramètres étudiés

Les indices biologique et écologique définis ci-dessous ont été calculés pour apprécier le niveau de la diversité des espèces capturées. On cite :

- **Indice de Shannon et Weaver (1949) (H')**

C'est un indice de diversité qui exprime la variété et la variabilité des écosystèmes. Il s'exprime suivant la formule :

$H' = - (\sum_{i=1}^{n} \frac{Ni}{N} \log_{(2)} \frac{Ni}{N})$ où $0 < H' < 8$ et, Pour $H' \geq 4,5$ le milieu est diversifié.

Avec : Ni = Nombre d'individu d'une espèce (i) ;

N = Nombre d'individu total ;

$\log_{(2)}$ = Logarithme en base 2 ;

n = Nombre d'espèces.

- **Indice de Pielou (1966) (J)**

L'indice de Pielou (J) nous renseigne sur l'équi-répartition des groupes d'espèces présents dans un milieu donné. Son calcul est donné par :

$J = H'/\log_{(2)}(S)$ avec, $0 < J < 1$ et S pour le nombre total d'espèces.

- **Indice de valeur d'importance écologique (IVI)**

$IVI = Ar + Gr$ avec $Ar = \frac{Ni}{N} * 100$ et $Gr = \frac{Gi}{G} * 100$ Ar : Abondance relative

Gr : Dominance relative ; Gi : poids des individus d'une espèce ; G : poids total ; L'IVI donne la situation écologique d'une espèce par rapport à une autre.

- **Coefficient de similarité (S) de Sorensen**

C'est un indicateur qui permet d'évaluer le degré de ressemblance entre les relevés de deux stations d'échantillonnage. Son estimation est donnée par : $S = (2C/A + B) * 100$

Avec : A : Nombre d'espèces du site a ;

B : Nombre d'espèces du site b ;

C : Nombre total d'espèces communes aux deux sites a et b.

- **Indice de Bray-Curtis**

C'est un indice de distance qui évalue l'éloignement entre les peuplements de deux sites d'étude. Il dépend inversement du coefficient de Sorensen (S) selon la formule :

Indice de Bray-Curtis = 1 − S

- **Relation taille-poids**

Elle représente l'expression mathématique de la croissance corporelle d'une espèce. On l'exprime généralement sous la forme d'une fonction puissance par :

$W = a*L^b$

Où **W** désigne le poids en g,

L la taille (longueur totale) en cm,

a le facteur de conditionnement et **b** le coefficient de croissance.

Il existe une valeur de référence de b = 3 qui indique que le poisson a une croissance isométrique ou symétrique. Si b est différent de 3 (b>3 ou b<3), on dit que la croissance est allométrique ou asymétrique ; dans ce cas, le poisson est respectivement plus lourd ou moins lourd que sa taille (Ricker, 1975). Cette relation varie en fonction de multiples facteurs dont le sexe, les conditions environnementales et alimentaires, le stade de maturité sexuelle.

- **Structure par taille de peuplement**

Par structure par taille de peuplement (ou structure des captures), on entend les effectifs des poissons regroupés en classes de taille d'égale amplitude (10 cm par exemple). Ainsi les variations observées au sein de chaque structure représentent d'importants signaux de la non durabilité des pêcheries étudiées.

- **Effort de pêche**

Arrignon détermine en 1976 l'effort de pêche par « la densité, la périodicité et l'intensité des fonctions opérées dans un peuplement piscicole tant par les pêcheurs professionnels que par les pêcheurs sportifs ». Cette définition sera utilisée dans nos travaux comme suit :
- La densité sera exprimée en nombre d'engins de pêche à l'hectare ;
- La périodicité par le nombre d'engins mouillés par jour ;
- L'intensité sera donnée en kg de poisson par jour et par pêcheur.

- **Sex-ratio**

Le sexe-ratio ou sex-ratio (aussi abrégé SR) désigne le taux comparé de mâles et de femelles au sein d'une espèce à reproduction sexuée pour une génération ou la descendance d'un individu. C'est un indice biologique important, car la proportion de mâles et femelles peut affecter le succès reproductif. Chez certaines espèces le sex-ratio peut être un indicateur de la température du milieu d'incubation (ex. : les tortues chez lesquelles le sex-ratio est fortement influencé dans l'œuf par la température) ou d'exposition à des polluants qui sont aussi des perturbateurs endocriniens.

- **Evolution de la taille des captures**

Il s'agit ici de comparer les tailles minimales des captures collectées par rapport aux tailles minimales recommandées par la réglementation en vigueur.

- **Rythme de fréquentations des zones de pêche**

Il s'agira ici de donner la distance et la profondeur de capture des espèces par synthèse des informations récoltées auprès des pêcheurs.

II.5. Analyses statistiques

La saisie, l'analyse et le traitement des données ont été possible grâce au tableur Excel 2010. Le logiciel R version 2.14.0 a permis d'obtenir les différentes courbes observées.

CHAPITRE III : RESULTATS ET DISCUSSION

III.1. Etat des lieux de la diversité des ressources halieutiques de Kribi

Les 1329 échantillons mesurés représentent une biomasse totale de 876,969 kg. Les individus observés se distinguent en 3 embranchements, 5 classes, 17 ordres, 43 familles, 58 genres et 68 espèces.

III.1.1. Indice de Shannon et Weaver (1949)

Son calcul est résumé dans le tableau IV ci-dessous :

Tableau IV : Calcul de l'indice de Shannon et Weaver (1949)

n	Espèces	Ni	$\frac{Ni}{N}\log_{(2)}\frac{Ni}{N}$	n	Espèces	Ni	$\frac{Ni}{N}\log_{(2)}\frac{Ni}{N}$
1	Acanthurus monroviae	19	-0,088	35	Lutjanus endecacanthus	10	-0,053
2	Alectis alexandrinus	31	-0,126	36	Lysiosquilla hoevenii	24	-0,105
3	Arius heudeloti	31	-0,126	37	Muraena robusta	7	-0,040
4	Auxis rochei	10	-0,053	38	Murex angularis	15	-0,073
5	Balistes punctatus	18	-0,084	39	Mystriophs rostellatus	19	-0,088
6	Caranx crysos	11	-0,057	40	Naucrates ductor	11	-0,057
7	Caranx hippos	20	-0,091	41	Pagrus auriga	13	-0,065
8	Caranx lugubris	15	-0,073	42	Palaemon hastatus	13	-0,065
9	Cephalopholis nigri	31	-0,126	43	panulirus regius	31	-0,126
10	Cephalopholis taeniops	11	-0,057	44	Penaeus kerathurus	10	-0,053
11	Chaetodipterus goreensis	13	-0,065	45	Pentanemus quinquarius	30	-0,123
12	Chloroscombus chrysurus	31	-0,126	46	Pomadasys jubelini	32	-0,129
13	Cymbium glans	13	-0,065	47	Portunus validus	13	-0,065
14	Cynoglossus monodi	12	-0,061	48	psettias sebae	30	-0,123
15	Cynoglossus senegalensis	30	-0,123	49	Psettodes belcheri	30	-0,123
16	Dactylopterus volitans	21	-0,095	50	Pseudotolithus elongatus	33	-0,132
17	Dasyatis margarita	15	-0,073	51	Pseudotolithus senegalensis	11	-0,057
18	Dentex canariensis	34	-0,135	52	Pseudotolithus typus	31	-0,126
19	Dentex congoensis	10	-0,053	53	Rhinobatos rhinobatos	11	-0,057
20	Dentex maroccanus	32	-0,129	54	Sardinella aurita	12	-0,061
21	Diodon liturosus	10	-0,053	55	Sardinella maderensis	30	-0,123
22	Drepane africana	30	-0,123	56	Scarus hoefleri	12	-0,061
23	Ephippion guttifer	14	-0,069	57	Scomberomorus tritor	31	-0,126
24	Epinephelus aeneus	33	-0,132	58	Scyllarides herklotsii	20	-0,091
25	Epinephelus goreensis	9	-0,049	59	Selene dorsalis	33	-0,132
26	Ethmalosa fimbriata	30	-0,123	60	Sepia elobyana	11	-0,057
27	Galeoides decadactylus	35	-0,138	61	Sparisoma cretense	10	-0,053
28	Galeorhinus galeus	32	-0,129	62	Sphyraena piscatorum	30	-0,123
29	Hemicaranx bicolor	11	-0,057	63	Sphyrna couardi	12	-0,061
30	Hirundichthys affinis	13	-0,065	64	Thunnus obesus	33	-0,132
31	Ilisha africana	14	-0,069	65	Tilapia rendalli	3	-0,020
32	Lagocephalus laevigatus	13	-0,065	66	Trachurus trecae	13	-0,065
33	Leptocharias smithii	1	-0,008	67	Trichiurus lepturus	31	-0,126
34	Liza falcipinnis	10	-0,053	68	T. crocodilus crocodilus	11	-0,057

N = 1329 individus ; n = 68 espèces ; $\sum_{i=1}^{n}\frac{Ni}{N}\log_{(2)}\frac{Ni}{N}$ = -5,902

On obtient un indice de diversité H' = 5,9, ce qui indique que les captures des pêcheurs de la zone de Kribi sont diversifiées au total de 68 espèces representées. Cette variabilité des espèces reste beaucoup moins importante que celle citée par Folack (249 espèces) en 2001 dans l'analyse transfrontalière de la région du golfe de Guinée et, la différence de près de 180 espèces notée s'explique par la courte durée cette l'étude réalisée sur trois mois (contre un an pour les travaux de Folack), la méthodologie d'échantillonnage et l'emprise de la zone d'étude.

III.1.2. Indice de Pielou (1966)

L'équitabilité de Pielou (J = 0,96) renseigne sur le fait que la répartition des espèces dans l'écosystème marin de Kribi est marquée par une codominance des espèces. On note par exemple que 7 espèces sont représentées par 10 individus chacune. De cette valeur se dégage la conclusion selon laquelle les différentes espèces recensées ont des valeurs d'abondance relative proche c'est-à-dire qu'elles sont représentées en majorité par le même nombre d'individus par espèce ; aucun groupe ne domine sur l'autre.

III.1.3. Coefficient de similarité (S) de Sorensen

Les valeurs totales des effectifs des individus par sites d'étude et le calcul des indices de Sorensen sont contenues dans le tableau V.

Tableau V : Nombres d'individus par site d'étude et calcul du coefficient de similarité de Sorensen

Nombres d'individus par site d'étude					Coefficient de similarité	
	Goyé	Londji	Nzami	Mboa-manga	$S_{(Goyé-Londji)}$	51,21%
					$S_{(Goyé-Nzami)}$	69,87%
Goyé	**32**	21	29	24	$S_{(Goyé-Mboamanga)}$	54,54%
Londji		**50**	38	43	$S_{(Londji-Nzami)}$	75,24%
Nzami			**51**	41	$S_{(Londji-Mboamanga)}$	81,13%
Mboa-manga				**56**	$S_{(Nzami-Mboamanga)}$	76,63%

Il ressort de ce tableau que les sites d'étude qui présentent le coefficient de similarité le plus élevé sont Londji et Mboa-manga car pour 50 espèces recensées à Londji et 56 à Mboa-manga, on retrouve pratiquement 43 espèces communes aux deux zones et où les activités sont plus intense. De même entre tous les sites considérés à Kribi, le coefficient de similarité de Sorensen est supérieur à 50 % ce qui confirme les ressemblances sur le plan de la richesse des sites énumérés : ils appartiennent à un même système écologique. Par contre une comparaison des résultats de la côte de Kribi avec celles de la côte du Cameroun évoquée par Folack en 2001 donne un coefficient de 30,28%. Cette valeur fait croire que les peuplements des deux milieux n'appartiennent pas à une même communauté écologique. Cela s'explique par la différence de la diversité des sites considérés, la disponibilité des aliments, l'état changeant de l'habitat dû aux conditions climatiques, à la pollution, à la surexploitation des ressources qui entraine au fil du temps une diminution de la biodiversité spécifique.

III.1.4. Indice de Bray-Curtis

Il est de 0,18 et 0,48 respectivement pour les distances entre les sites Londji-Mboa-manga et Goyé-Londji. Ces valeurs renseignent sur le fait que les sites d'étude sont écologiquement proches et appartiennent à un même ensemble écosystémique.

III.2. Caractérisation des espèces capturées

L'évolution de la production mensuelle présente le mois de mai comme le plus productif avec une masse totale de 500 kg tandis que la classification hiérarchique ascendante regroupe les éléments qui présentent un certain degré de ressemblance en fonction du caractère mis en évidence.

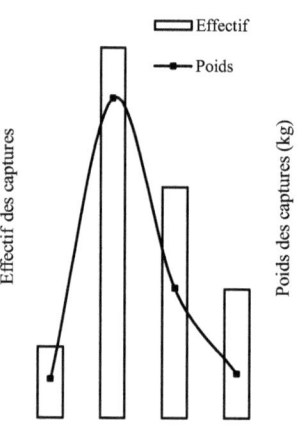

Figure a : Evolution de la production mensuelle

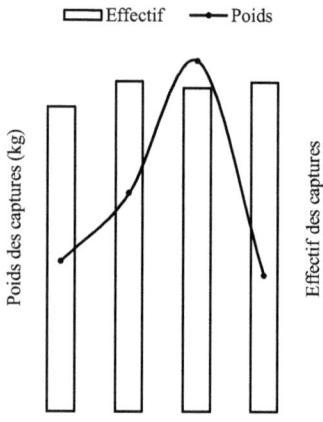

Figure b : Evolution de la production par site

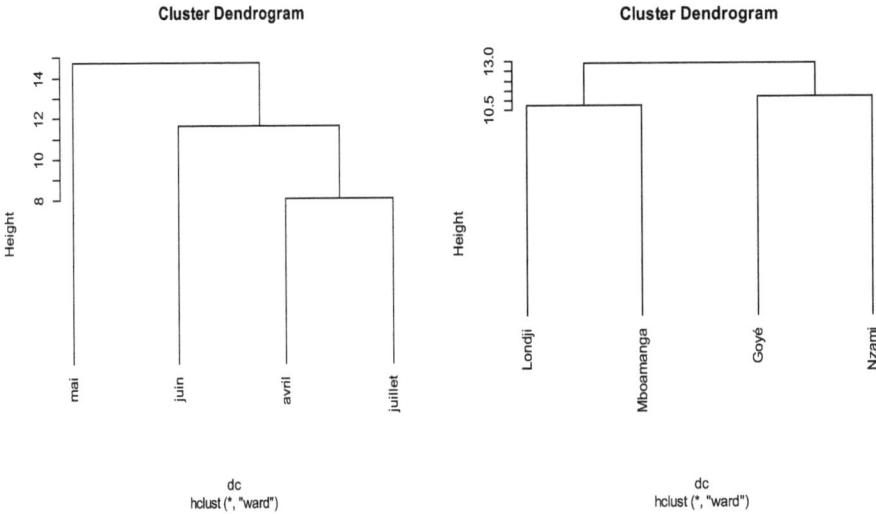

Figure c : Classification hiérarchique ascendant mensuel

Figure d : Classification hiérarchique ascendant par site

Figure 5 : Evolution de la production et classification hiérarchique ascendante

III.2.1. Indice de valeur d'importance écologique

L'indice de valeur d'importance écologique (IVI) calculés (annexe 5) pour chacune des espèces recensées varie de 0,25 pour *Tilapia rendalli* à 19,46 pour *Leptocharias smithii* qui du point de vue écologique, est l'espèce la plus importante. Cette importance est attribuée à son poids élevé qui est de 170 kg.

III.2.2. Sex-ratio

Il ressort du tableau ci-dessous que le sex-ratio varie entre 0,4 pour *Penaeus kerathurus* et 9 pour *Cynoglossus senegalensis*, 35 individus ont un sex-ratio supérieur ou égal à 2. Les femelles sont environs deux fois (64,71%) plus capturées que les mâles, cela s'explique par le fait que les males déploient un effort physique de fuite beaucoup plus important que les femelles pour échapper aux engins de pêche. Un autre comportement lié au sexe réside sous le fait que les femelles portent souvent les œufs de leur progéniture et sont par conséquent plus lentes lors des prises.

Tableau VI : Calcul du sex-ratio des espèces

Espèces	F	M	Sex-ratio	Espèces	F	M	Sex-ratio
Acanthurus monroviae	10	9	1,1	Lutjanus endecacanthus	7	3	2,3
Alectis alexandrinus	18	13	1,3	Lysiosquilla hoevenii	15	9	1,6
Arius heudeloti	19	12	1,5	Muraena robusta	5	2	2,5
Auxis rochei	6	4	1,5	Murex angularis	15	15	1
Balistes punctatus	12	6	2	Mystriophs rostellatus	11	8	1,3
Caranx crysos	5	6	0,8	Naucrates ductor	7	4	1,7
Caranx hippos	15	5	3	Pagrus auriga	8	5	1,6
Caranx lugubris	12	3	4	Palaemon hastatus	9	4	2,2
Cephalopholis nigri	21	10	2,1	panulirus regius	15	16	0,9
Cephalopholis taeniops	8	3	2,6	Penaeus kerathurus	3	7	0,4
Chaetodipterus goreensis	9	4	2,2	Pentanemus quinquarius	19	11	1,7
Chloroscombus chrysurus	25	6	4,1	Pomadasys jubelini	25	7	3,5
Cymbium glans	13	13	1	Portunus validus	7	6	1,1
Cynoglossus monodi	8	4	2	psettias sebae	24	6	4
Cynoglossus senegalensis	27	3	9	Psettodes belcheri	25	5	4
Dactylopterus volitans	14	7	2	Pseudotolithus elongatus	21	12	1,7
Dasyatis margarita	9	6	1,5	P. senegalensis	7	4	1,7
Dentex canariensis	25	9	2,7	Pseudotolithus typus	24	7	3,4
Dentex congoensis	7	3	2,3	Rhinobatos rhinobatos	8	3	2,6
Dentex maroccanus	21	11	1,9	Sardinella aurita	8	4	2
Diodon liturosus	7	3	2,3	Sardinella maderensis	25	5	4
Drepane africana	17	13	1,3	Scarus hoefleri	6	6	1
Ephippion guttifer	10	4	2,5	Scomberomorus tritor	21	10	2,1
Epinephelus aeneus	20	13	1,5	Scyllarides herklotsii	12	8	1,5
Epinephelus goreensis	6	3	2	Selene dorsalis	19	14	1,3
Ethmalosa fimbriata	18	12	1,5	Sepia elobyana	11	11	1
Galeoides decadactylus	18	17	1,0	Sparisoma cretense	8	2	4
Galeorhinus galeus	21	11	1,9	Sphyraena piscatorum	18	12	1,5
Hemicaranx bicolor	6	5	1,2	Sphyrna couardi	9	3	3
Hirundichthys affinis	9	4	2,2	Thunnus obesus	23	10	2,3
Ilisha africana	9	5	1,8	Tilapia rendalli	2	1	2
Lagocephalus laevigatus	11	2	5,5	Trachurus trecae	11	2	5,5
Leptocharias smithii	1	/	/	Trichiurus lepturus	20	11	1,8
Liza falcipinnis	6	4	1,5	T. crocodilus crocodilus	8	3	2,6

III.2.3. Evolution de la taille des captures

Pour toutes les espèces énumérées, les tailles minimales obtenues sont inférieures aux tailles minimales recommandées ceci est due au non-respect de la réglementation en vigueur sur la sélectivité des engins de pêche. Seule la taille des crabes exploités se rapproche de celle recommandée, tandis que l'écart entre la taille du turbot (22,3) et celle des sardinelles (11,8) reste très large avec des proportions les plus élevées (53,33%) pour les individus n'ayant pas la taille exploitable ; ce qui marque une surexploitation des espèces du fait des valeurs des tailles minimales observées.

Tableau VII : Tailles minimales recommandées, tailles minimales obtenues et proportion des individus n'ayant pas la taille exploitable

Espèces	Taille minimale recommandée (cm)	Taille minimale observé dans les captures (cm)	Proportion des individus n'ayant pas la taille exploitable (%)
Sardinella maderensis	19	7,2	53,33
Pseudotolithus typus, P. senegalensis (Bar)	25	8,5	21,42
Pseudotolithus elongatus (Bossu)	22	5	48,48
Cynoglossus sp (Sole)	25	18	38,09
Scomberomorus tritor (maquereau)	20	10	9,67
Psettodes belcheri (turbot)	30	7,7	53,33
Panulirus regius (langouste)	11	7	6,45
Portunus validus (crabe)	13	12	7,69

III.2.4. Relation taille-poids

La synthèse des données des tableaux A1 à A9 de l'annexe 5 donne la relation taille-poids résumée dans le tableau ci-contre.

Tableau VIII : Relation taille-poids et coefficient de corrélation de certaines espèces halieutiques

Espèces	Dongmo, 2012		Njock, 1990	
	Relation taille-poids	Coefficient corrélation	Relation taille-poids	Coefficient corrélation
Arius heudeloti	$W=1,16*10^{-1}*L^{2,48}$	$r = 0,972$	$W=2,85*10^{-3}*L^{3,28}$	$r = 0,998$
Galeoides decadactylus	$W=8,30*10^{-1}*L^{1,87}$	$r = 0,959$	$W=1,32*10^{-2}*L^{2,92}$	$r = 0,999$
Pentanemus quinquarius	$W=3,49*10^{-2}*L^{2,72}$	$r = 0,955$	$W=4,022*10^{-3}*L^{3,18}$	$r = 0,997$
Pseudotolithus elongatus	$W=1,867*L^{1,473}$	$r = 0,988$	$W=5,98*10^{-3}*L^{3,09}$	$r = 0,999$
Pseudotolithus typus	$W=1,084*L^{1,647}$	$r = 0,987$	$W=6,35*10^{-3}*L^{3,03}$	$r = 0,999$
Sardinella aurita	$W=8,64*10^{-1}*L^{1,52}$	$r = 0,969$	$W=5,45*10^{-3}*L^{3,465}$	$r = 0,905$
Ethmalosa fimbriata	$W=0,304*L^{2,047}$	$r = 0,982$	/	/
Penaeus kerathurus	$W=0,335*L^{1,860}$	$r = 0,994$	/	/
Sepia elobyana	$W=2,064*L^{1,260}$	$r = 0,999$	/	/

L'analyse des résultats du tableau ci-dessus présente un coefficient b très significativement différent de 3 (1,26 < b > 2,72) ; ce qui indique une certaine allométrie ou asymétrie de croissance des espèces étudiées. Il ressort que les proportions des différentes parties du corps et la densité ne sont pas les mêmes à tous les âges, le poisson est moins lourd que sa taille. Pour le même facteur de croissance b Njock obtenait en 1990 un facteur de croissance b compris entre 2,92 et 3,46 ce qui permet de mettre en évidence les divergences observées dans la variation du taux de croissance des ressources marines. Lors des pontes, les poissons ont un b > 3. En 2001, Wague et M'bodj (2001) ont obtenu en Mauritanie un b = 3,46 pour l'espèce *sardinella aurita* contre b = 1,52 pour la même espèce au Cameroun en 2012. Autrement dit la valeur de b est affectée par la nourriture disponible dans le milieu ou par le stade de reproduction des espèces. Pour toutes ces espèces, l'on note une forte corrélation entre la taille et le poids (r reste supérieur à 0,90), ce qui signifie que ces deux paramètres sont liés : le poids d'une espèce augmente avec sa taille et inversement.

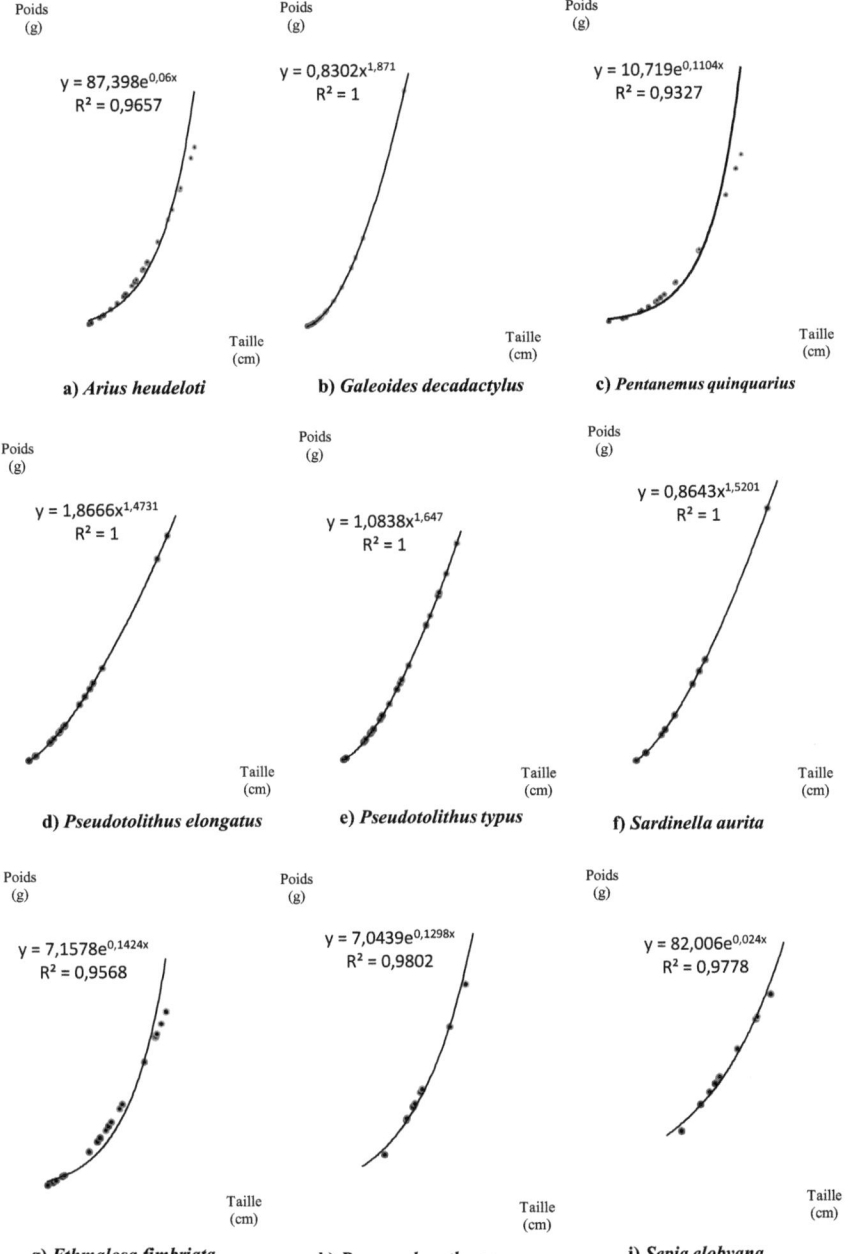

Figure 6 : Relation taille-poids pour quelques espèces démersales (a, b, c, d, e), pélagiques (f, g), de crustacé (h) et de mollusque (i) exploitées à Kribi.

III.3. Détermination des zones et des engins de pêche

III.3.1. Effort de pêche

Cette expression est toujours associée à la capture et représente la quantité de matériel de pêche d'un type donné, utilisé sur les lieux de pêche pendant une unité de temps bien définie. Le tableau IX donne les valeurs moyennes des différentes expressions de cet effort.

Tableau IX : Différentes expressions de l'effort de pêche à Kribi

Types d'engins de pêche	Effort de pêche		
	Densité (nombre d'engins/ha)	Périodicité (nombre d'engins mouillés/jour)	Intensité (kg/pêcheur/jour)
Senne de plage	0,05	15	7
Ligne	0,15	10	20,5
Harpon	0,03	1	15
Filet	0,04	3	45
Epervier	0,02	5	30

De ces estimations il ressort que la senne de plage, malgré sa faible densité (0,05 engins/ha) et, suite au fait qu'elle soit l'engin le plus mouillé (15 fois/jr), son intensité reste tout de même le plus faible (7 kg/pêcheurs/jr). Cela s'explique par le fait que les mailles resserrées de cet engin et son utilisation proscrite favorise uniquement la capture des espèces de petites tailles et détruit les fonds marins. Pour tous les engins utilisés, la densité reste faible et ceci se justifie par le fait qu'il n'y a pas encore beaucoup de pêcheurs professionnels dans la zone. La périodicité elle est peu élevée du fait de la faible capture journalière par pêcheur (intensité en moyenne 23,5 kg/pêcheur/jour). Les pêcheurs mouillent souvent leurs engins mais les captures sont peu abondantes. Tout ceci contribue à un effort de pêche, qui rapporte peu eu égard des efforts logistiques et financiers déployés.

III.3.2. Structure par taille de peuplement

Les tailles de captures des différents sites d'étude illustrés ci-contre suivent des lois logarithmiques dont les équations et coefficients de régression sont les suivants :

$Y_{(Goyé)} = -42,67\ln(x) + 96,25$ et $R = 0,96$; $Y_{(Nzami)} = -26,93\ln(x) + 73,76$ et $R = 0,51$

$Y_{(Londji)} = -18,39\ln(x) + 60,25$ et $R = 0,43$; $Y_{(Mboa-manga)} = -19,77\ln(x) + 61,82$ et $R = 0,41$

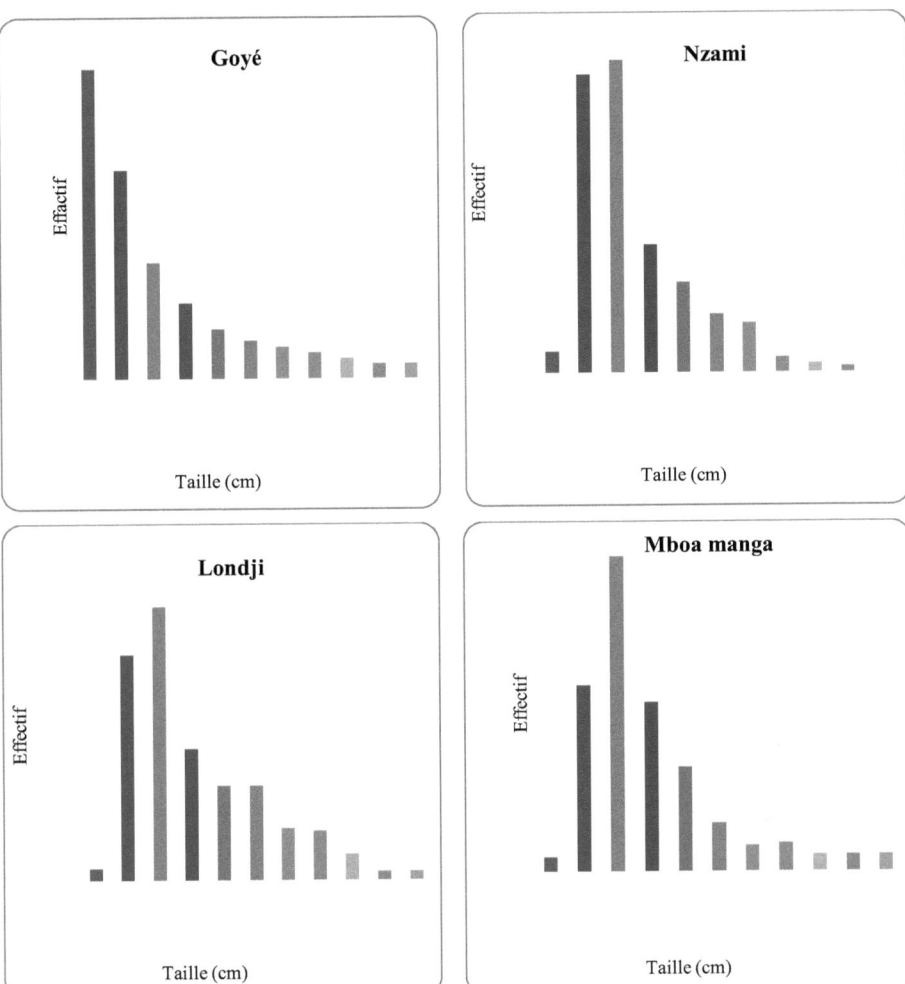

Figure 7 : Structure de peuplement des différents sites d'étude

La structure des captures présente des courbes marquées par une dominance d'espèces de petites tailles (plus de 100 espèces) de longueur totale comprise entre 4,8 et 10 cm. Cette diminution de la taille des captures est un indicateur de la baisse de l'abondance relative du stock des individus de grandes tailles, ce qui est synonyme de surexploitation avec perte de la biodiversité. Entre avril et juillet 2012, les variations de tailles suivantes sont notées pour quelques espèces débarquées : capitaines (6,8-130 cm); dorades grises (7,2-53 cm); dorades roses (6-74 cm).

Ainsi, par rapport à celles débarquées entre 1985 et 2005 au port de Dakar par les chalutiers, les variations de tailles notées étaient plutôt de 25,4 à 38,5 cm pour les capitaines, 26-29,1 cm pour les dorades grises et 12-17,2 cm pour les dorades roses (Camara, 2008). En comparant ces valeurs, on note une diminution de la taille minimale des espèces au Cameroun. Cela est due au fait que l'activité est beaucoup plus exercée en bordure côtière car pêcher au large nécessite des moyens matériels plus important.

III.3.3. Rythme de fréquentation des zones de pêche

Les pêcheurs nous ont révélé à travers le questionnaire qui leur a été administré, qu'ils opèrent dans les eaux côtières du Sud proches des débarcadères, plus précisément entre l'embouchure de la Sanaga et l'estuaire du Ntem. Ils sont par conséquent heurtés à la diminution des ressources halieutiques locales capturées entre 3 et 15 km de la bande côtière, ceci en fonction de l'état houleux ou non de la mer. Pour la plupart des espèces, les individus de petites tailles vivent proche des côtes alors que ceux de grandes tailles vivent au large, en profondeur. Les profondeurs de prélèvement sont comprises entre 24 et 40 m, le rythme de fréquentation des zones rocheuses est élevé à cause de leurs fortes richesses qui permettent aux poissons de se cacher entre les rochers. Ces pêcheurs artisans fréquentent en général et de façons répétées le même milieu, ce qui peut endommager les fonds marins et entrainer la disparition de certains habitats et lieux de pêche.

CONCLUSION ET RECOMMANDATIONS

Au terme de cette étude sur la diversité des espèces halieutiques capturées par les pêcheurs artisans de Kribi, il ressort que la zone marine et côtière du Sud Cameroun regorge d'une variété et variabilité considérable d'espèces (H'=5,9). Les 1329 individus échantillonnés dans les captures des pêcheurs se distinguent en 3 embranchements, 5 classes, 17 ordres, 43 familles, 58 genres et 68 espèces pour une masse totale de 876,969 kg. Ces captures sont dominées par les espèces appartenant à la famille des Leptochariideae (19,38%) qui occupent les embouchures des rivières jusqu'à 75 m de profondeur. Au-delà de cette profondeur, on rencontre en moins grand nombre (4,52%) parce que surexploité, quelques espèces de la famille des sciaenideae sur les fonds sableux ou rocheux et, la famille des clupeideae (1,21%) au niveau des eaux côtières et estuariennes. Face à cette situation de surexploitation progressive des pêcheries, des mesures de gestion durable des ressources halieutiques marines s'imposent. Elles consistent à :

- Contrôler la sélectivité des engins de pêche industrielle et artisanale ;
- Établir les périodes de fermeture saisonnière et les zones interdites (parcs-marins) ;
- Sensibiliser les communautés locales sur les méthodes appropriées de pêche ;
- Définir les tailles minimales des poissons et les mailles pour toutes les espèces cibles.

De plus, un renforcement des moyens logistiques (matériels de biométrie, documentation appropriée, GPS) et humains (personnels qualifiés de relais) dans le domaine de la recherche halieutique s'avère nécessaire pour une collecte efficace des données sur les potentialités des zones de pêche. C'est là un moyen d'étendre cette étude sur la diversité des ressources halieutiques capturées par les pêcheurs artisans et industriels le long des côtes camerounaises, tout en associant aux caractères morphologiques (longueurs, poids), les caractères numériques (nombre de rangées d'écailles, nombre de rayons aux nageoires) et les caractères physiologiques (maturité sexuelle, contenu stomacal) en vue de mieux décrire l'état de la ressource présente. Les résultats ainsi obtenus durant cette étude serviront de point de départ pour des investigations futures, indispensables pour une meilleure connaissance et suivie de la biodiversité marine et côtière du Cameroun, et du Golfe de Guinée en général.

REFERENCES BIBLIOGRAPHIQUES

- **Brundtland H., 1987.** Sustainable agriculture and integrated farming systems, Michigan State University Press, pp : 166-184 ;
- **Camara M. B., 2008.** Quelle gestion des pêches artisanales en Afrique de l'Ouest? Etude de la complexité de l'espace halieutique en zone littorale sénégalaise, Thèse de Doctorat de troisième cycle, université Cheikh Anta Diop de Dakar, 335 p. ;
- Convention de Rio de Janeiro sur la diversité biologique, 5 juin 1992 ;
- **Crosnier A., 1964.** Fonds de pêche le long des côtes de la République Fédérale du Cameroun, Cahier ORSTOM, n° spécial, 133 p. ;
- **Cse et Cerpod, 1996.** Etude des interrelations, Population-Environnement-Développement au Sénégal 150 p. ;
- Encarta 2009 collection ;
- **Ernst M., 1942.** Notion d'espèces et interaction entre écosystèmes, 148 p. ;
- **Estevez B. et Domon G., 1999.** Les enjeux sociaux de l'agriculture durable – Un débat de société ? Une perspective nord-américaine, n° 36, pp : 1-12 ;
- **FAO a, 1995.** Rapport sur les pêches, 48 p. ;
- **FAO b, 1995.** Séminaire national sur la politique et la planification de la pêche au Cameroun, programme pour le développement intégré des pêches artisanales en Afrique de l'ouest, Yaoundé, 161 p. ;
- **FAO, 2001.** Indicateurs pour le développement durable des pêcheries marines, Directives techniques pour une pêche responsable No 8. FAO, Rome, Italie ;
- **Folack J. et Njifonjou O., 1995.** Characteristics of marine artisanal fisheries in Cameroon, The IDAF Newsletter, pp : 18-21 ;
- **Folack J., 2001.** Analyse transfrontalière pour la région du golfe de Guinée, Rapport consultation UNIDO/PNUD/PNUE : NOAA, projet Grand Ecosystème Marin du Courant de Guinée (GEM-CG), 36 p. ;
- **Meke S. P., 2005.** Validation of GCLME results and that of other surveys for Cameroon, Presentation at the Regional workshop on Fisheries, 10-14th October, Accra, Ghana ;
- **MINEF, 1999.** Etat des lieux, stratégie et plan d'action national de la diversité biologique, Programme des Nations Unies pour l'Environnement, Yaoundé, 223 p. ;
- **MINEP, 2008.** Rapport sur l'état de la biodiversité marine et côtière du Cameroun, 18 p. ;

- **Moctar B., 2002.** Promotion de la Coopération dans le domaine de la recherche halieutique des pays membres de la Commission Sous-régionale des Pêches pour une «bonne gestion», Sénégal 3-6 juin 2003 ; Document (CSRP/WWF Dakar), 14 p. ;
- **Monod T., 1928.** L'industrie des pêches au Cameroun, faunes des colonies Françaises, 509 p. ;
- **Njifonjou O., 1999.** Enquête-cadre sur la pêche artisanale maritime dans la région «modèle» du Fako, Projet TCP/CMR/8821, FAO ;
- **Njock J. C., 1980.** Rapport annuel, Institut de Recherche Zootechnique de limbé ;
- **Njock J. C., 1990.** Les ressources démersales côtières du Cameroun : biologie et exploitation des principales espèces ichtyologiques, thèse de docteur en sciences de l'université d'Aix-Marseille 2, spécialité : océanologie, 187 p. ;
- **Ricker W. E., 1975.** Computation and interpretation of biological statistics of fish population, bull, fish, res, board can, (191) : 382 p. ;
- **Sane K., 2000.** Les accords de pêche entre l'Union Européenne et le Sénégal : enjeux et impacts sur la gestion des ressources halieutiques, Mémoires de DEA, Université Cheikh Anta Diop, Dakar, 126 p. ;
- **SNH et ENVIREP-Cameroon, 2007.** Etude pour le suivi de la protection de la zone côtière et de l'environnement marin dans le cadre du Projet CAPECE–Cameroun, Rapport final, 235 p. ;
- **Vivien J., 1991.** Faune du Cameroun, Guide des mammifères et poissons, gicam Yaoundé, 271 p. ;
- **Wague A. et M'bodj O., 2001.** Etude de quelques aspects de la reproduction chez la sardinelle ronde *Sardinella aurita* (valenciennes, 1847) pêchée le long des côtes mauritaniennes ;
- **Wallström M., 2000.** Pêcheries et développement durable, El Anzuelo, vol 6, pp : 1-3 ;
- **Wolfgang S., 1992.** Fiche FAO d'identification des espèces pour les besoins de la pêche, guide de terrain des ressources marines commerciales du golfe de Guinée, Rome, 285 p.

SITES CONSULTES

- [1] : www.peche-artisanale-vs-peche-industrielle (17/04/2012 23:10) ;
- [2] : www.fao.org/docrep/003/w4230f/w4230f08.htm (10/09/2012 20:47) ;
- [3] : www.fao.org/fi/agreem/codecond/codecon.asp: FAO Code of Conduct for Responsible Fisheries (18/04/1012 09:41).

ANNEXES

Annexe 1 : Trame d'enquête

N° d'ordre : ...   Lieu de débarquement : ...   Date : ...

Noms et prénoms : ...

1- La pêche est-elle votre principale activité ?   oui ☐   non ☐
   - Si non, quelle est votre principale activité ?
   - Si oui, quelles sont vos autres activités ?

2- Quantité et devenir du poisson pêché
   - Combien de fois pêchez-vous par semaine?

   2 fois ☐   plus de 2 fois ☐   tous les jours ☐
   - Quelles espèces de poisson capturez-vous ?
   - Quelle quantité capturez-vous par pêche ?

3- Que pouvez-vous dire sur l'évolution de la production depuis votre entrée dans l'activité ?

4- Selon vous, quel phénomène peut-être à l'origine des variations des captures ?

5- Que faite vous en cas de capture accidentelle d'espèces protégées ?

6- Types d'engins de pêche utilisés et leur effort

Engins	Nombre	intensité	Périodicité	densité	Espèces cibles
Harpon					
Filets					
Ligne					
Senne					
palangre					
Epervier					
Autres (à préciser)					

7- A quelle distance de la côte capturez-vous votre poisson et à quelle profondeur ?

8- Que pensez-vous que les autorités administratives puissent faire pour gérer de façon durable la biodiversité marine et améliorer la productivité des pêcheries ?

Annexe 2 : Exemple de fiche de mensuration

Date	Débarcadère	Famille	Espèces	Longueur totale (cm)	Hauteur du corps (cm)	Sexe	Poids (g)
24/04/2012	Londji	Mugilidae	*Liza falcipinnis*	100	13,4	m	1800
24/04/2012	Londji	Sciaenidae	*Pseudotolithus typus*	85	18	m	1300
24/04/2012	Londji	Dasyatidae	*Dasyatis margarita*	85	30	f	900
24/04/2012	Londji	Sciaenidae	*Pseudotolithus typus*	79	13	m	980
24/04/2012	Londji	Scombridae	*Scomberomorus tritor*	77	16	m	1500
⋮							
28/04/2012	Nzami	Scombridae	*Thunnus obesus*	89	25	f	7000
28/04/2012	Nzami	Rhinobatidae	*Rhinobatos rhinobatos*	68	24,2	f	850
28/04/2012	Nzami	Palinuridae	*panulirus regius*	65	6,5	m	500
28/04/2012	Nzami	Ariidae	*Arius heudeloti*	63	10	f	2000
⋮							
02/05/2012	Goyé	Palinuridae	*panulirus regius*	74	5,7	m	600
02/05/2012	Goyé	Psettodidae	*Psettodes belcheri*	70,5	7,3	f	700
02/05/2012	Goyé	Triakidae	*Galeorhinus galeus*	67	10	f	1500
02/05/2012	Goyé	Palinuridae	*panulirus regius*	64,5	6	m	250
02/05/2012	Goyé	Psettodidae	*Psettodes belcheri*	58	8,6	f	1200
⋮							
14/07/2012	Mboamanga	Scyllaridae	*Scyllarides herklotsii*	19	6,6	f	230
14/07/2012	Mboamanga	Polynemidae	*Pentanemus quinquarius*	17,5	4	f	70
14/07/2012	Mboamanga	Serranidae	*Cephalopholis nigri*	17	5	f	100
14/07/2012	Mboamanga	Carangidae	*Caranx hippos*	16	3,3	f	50
14/07/2012	Mboamanga	Cichlidae	*Tilapia rendalli*	14	10	f	100
⋮							

Annexe 3 : Diversité des espèces halieutiques capturées par les pêcheurs artisans de Kribi

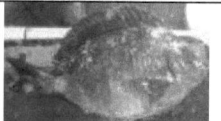

Famille : Acanthuridae
Espèce : *Acanthurus monroviae* (Steindachner, 1876)
Nom FAO : fr-Chirurgien chas-chas; **eng**-Monrovia doctorfish
Nom local : Doto
Taille : Maximum 50 cm
Méth capt : Pièges, filets fixes de fond, filets calés,
Habitat : Sur les fonds rocheux et coralliens de 0 à 60 m.

Famille : Ariidae
Espèce : *Arius heudeloti* (Valenciennes, 1840)
Nom FAO : fr-Mâchoiron banderille; **eng**-Smoothmouth sea catfish
Nom local : Ingogwè
Taille : Maximum 65 cm
Méth capt : Chaluts de fond, filets maillants
Habitat : Se trouve dans les rivières, les estuaires, les eaux côtières et les embouchures.

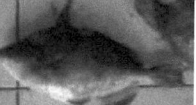

Famille : Balistidae
Espèce : *Balistes punctatus* (Gmelin, 1788)
Nom FAO : fr-Baliste à taches bleues; **eng**-Bluespotted triggerfish
Nom local : Tapol assu
Taille : 60 cm maximum
Méth capt : Chaluts de fond, pièges, filets calés
Habitat : Fréquente les eaux côtières peu profondes et de préférence sableuses.

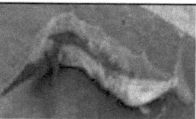

Famille : Belonidae
Espèce : *Tylosurus crocodilus crocodilus* (Peron & Lesueur, 1821)
Nom FAO : fr-Aiguille crocodile; **eng**-Hound needlefish
Nom local : Spadron
Taille: 64 cm en moyenne
Méth capt : éperviers, traines, lignes, sennes
Habitat : Fréquente les eaux superficielles côtières.

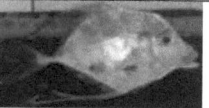

Famille : Carangidae
Espèce : *Alectis alexandrinus* (Geoffroy saint-hilaire, 1817)
Nom FAO : fr-Cordonnier bossu; **eng**-Alexandria pompano
Nom local : Bebateh
Taille : 20 cm en moyenne
Méth capt : Chaluts de fond et pélagiques, sennes
Habitat : Les adultes sont démersaux, fréquentent les fonds peu profonds.

Famille : Carangidae
Espèce : *Caranx crysos* (Mitchill, 1815)
Nom FAO : fr-Carangue coubali; **eng**-Bleu runner
Nom local : Ntondo
Taille : En moyenne 51 cm
Méth capt : Chaluts de fond et pélagique, sennes coulissantes, filets calés, lignes
Habitat : Fréquente les eaux côtières (jusqu'à 60 cm).

Famille : Carangidae
Espèce : *Caranx hippos* (Linnaeus, 1766)
Nom FAO : fr-Carangue crevalle; **eng**-Crevalle jack
Nom local : Motondh
Taille : 28cm en moyenne
Méth capt : Chaluts, sennes coulissantes, lignes
Habitat : Pélagique à démersale, vit en bancs dans les eaux côtières et les estuaires.

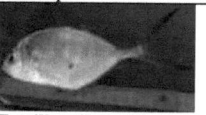

Famille : Carangidae
Espèce : *Caranx lugubris* (poey, 1860)
Nom FAO : fr- Carangue noire; **eng**- Black jack
Nom local : Vrai Carangue
Taille : 25cm en moyenne
Méth capt : pêcheurs au chalut, sennes de plage, lignes
Habitat : eau côtière à l'intérieur de profondeurs de 25-65cm et même plus.

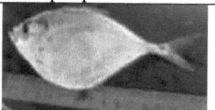

Famille : Carangidae
Espèce : *Chloroscombus chrysurus* (linnaeus, 1776)
Nom FAO : fr- Sapater; **eng**-Atlantic bumper
Nom local : Elingui
Taille : 18 cm en moyenne
Méth capt : chalut de fond, sennes de plages, filets calés
Habitat : vit en bancs côtiers, se rencontre également dans les estuaires et dans les lagunes à mangroves.

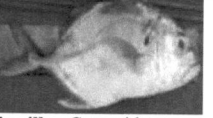

Famille : Carangidae
Espèce : *Hemicaranx bicolor* (Günther, 1860)
Nom FAO : fr-Carangue bicolore; **eng**-Two-colour jack
Nom local : Carangue
Taille : 25 cm en moyenne avec un maximum de 70 cm
Méth capt : Chaluts de fond, sennes coulissantes, filets calés de fond
Habitat : Espèces principalement côtière, pénétrant en eau saumâtre.

Famille : Carangidae
Espèce : *Naucrates ductor* (Linnaeus, 1758)
Nom FAO : fr-Poisson-pilote; **eng**-Pilotfish
Nom local : Carangue tachetée
Taille: Moyenne de 17 cm
Méth capt : Chaluts pélagiques
Habitat : Espèces principalement pélagique, en association semi-obligatoire avec de grands requins, raies et tortues.

Famille : Carangidae
Espèce : *Selene dorsalis* (Gill, 1867)
Nom FAO : fr-Musso Africain; **eng**-African lookdown
Nom local : Carangue bossu
Taille : Moyenne 17 cm
Méth capt: Piège, chalut, sennes, filets immobiles.
Habitat : Préfère les eaux côtières jusqu'à 60cm; espèce communautaire pendant les pluies.

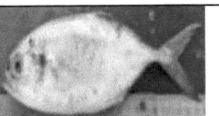 **Famille :** Carangidae **Espèce :** *Trachurus trecae* (cadenat, 1949) **Nom FAO : fr-**Chinchard cunène; **eng-**Cunene horse mackerel **Nom local :** Carangue **Taille :** 23 cm avec un maximum de 68 cm **Méth capt :** chaluts de fond et pélagiques, sennes coulissantes **Habitat :** Pélagiques, les bancs fréquentent les fonds entre 20 et 100 m.	 **Famille :** Cichlidae **Espèce :** *Tilapia rendalli* (Boulenger, 1897) **Nom FAO : fr-**Tilapia melanopleura; **eng-**Tilapia melanopleura **Nom local :** Epondjeon **Taille :** Longueur totale maximale de corps 40 cm **Méth capt :** Chaluts, filets **Habitat :** Espèce introduite en basse Guinée dans un but d'aquaculture et qui s'est retrouvée accidentellement en zone estuarienne.	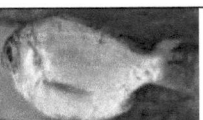 **Famille :** Clupeidae **Espèce :** *Ethmalosa fimbriata* (Bowdich, 1825) **Nom FAO : fr-**Ethmalose d'Afrique; **eng-**Bonga shad **Nom local :** Bilolo **Taille :** 26 cm **Méth capt :** Sennes coulissantes, sennes de plage, filets maillants **Habitat :** fréquente les estuaires, les côtes, les lagunes et les rivières.	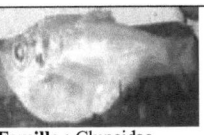 **Famille :** Clupeidae **Espèce :** *Ilisha africana* (Bloch, 1795) **Nom FAO : fr-**Alose rasoir; **eng-**West african ilisha **Nom local :** Menyanya **Taille :** 12 cm avec un maximum de 21 cm **Méth capt :** Chaluts, sennes coulissantes, sennes de plage **Habitat :** benthique, fréquente les eaux côtières et les estuaires.
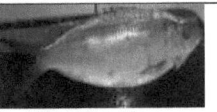 **Famille :** Clupeidae **Espèce :** *sardinella aurita* (valenciennes, 1847) **Nom FAO : fr-**Allache; **eng-**Round sardinella **Nom local :** Sardine **Taille :** 25 cm en moyenne **Méth capt :** Sennes coulissantes, filets maillants, sennes de plage, chaluts pélagiques **Habitat :** Fréquente les zones d'upwelling (eaux froides salées).	 **Famille :** Clupeidae **Espèce :** *Sardinella maderensis* (Lowe, 1839) **Nom FAO : fr-**Grande allache; **eng-**Madeiran sardinella **Nom local :** Meyo **Taille :** Maximum 30 cm **Méth capt :** Sennes, chalut, Filets tournants, éperviers **Habitat :** Espèces côtières des eaux chaudes des estuaires et les lagunes à 50 m de profondeur.	 **Famille :** Cynoglossidae **Espèce :** *Cynoglossus monodi* (Chabanaud, 1949) **Nom FAO : fr-**Sole-langue de Guinée; **eng-**Guinean tonguesole **Nom local :** Ekahi **Taille :** Maximum 60 cm **Méth capt :** Chalut, filets calés, sennes de plage **Habitat :** Fréquente les zones sablo-vaseuses côtières entre 10 et 25 m.	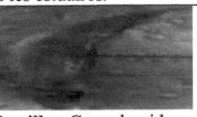 **Famille :** Cynoglossidae **Espèce :** *Cynoglossus Senegalensis* (Kaup, 1858) **Nom FAO : fr-**Sole-langue sénégalaise; **eng-**Senegalensis tonguesole **Nom local :** Ekahi **Taille :** Maximum 60 cm **Méth capt :** Chaluts de fond, sennes de plage, filets calés de fond **Habitat :** Fréquente les zones sablo-vaseuses côtières entre 10 et 110 m.
 **Famille :** Dactylopteridae **Espèce :** *Dactylopterus volitans* (Linnaeus, 1758) **Nom FAO : fr-**Poule de mer; **eng-**Flying gurnard **Nom local :** Poisson volant **Taille :** 34 cm en moyenne **Méth capt :** Chaluts de fond, filets calés de fond, **Habitat :** Espèces démersales des fonds sableux et vaseux peu profonds.	 **Famille :** Dasyatidae **Espèce :** *Dasyatis margarita* (günther, 1870) **Nom FAO : fr-**Pastenague marguerite; **eng-**Daisy stingray **Nom local :** Coverpot **Taille :** Maximum 200 cm **Méth capt :** Chaluts de fond, trémails, palangres **Habitat :** souvent dans les eaux côtières jusqu'à 300 m de profondeur, démersales.	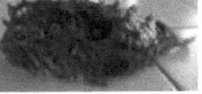 **Famille :** Diodontidae **Espèce :** *Diodon liturosus* (Shaw, 1804) **Nom FAO : fr-**Porcs-épics; **eng-**Pigs-épics **Nom local :** Docteur piquant **Taille :** 28 cm en moyenne **Méth capt :** Chalut et filet à des fins ornementales **Habitat :** De la ligne côtière jusqu'à environ 100 m de profondeur.	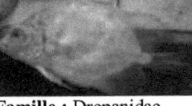 **Famille :** Drepanidae **Espèce :** *Drepane africana* (Osorio, 1892) **Nom FAO : fr-**Forgeron ailé; **eng-**African sicklefish **Nom local :** Disque **Taille :** Maximum 40 cm **Méth capt :** Chaluts de fond, sennes de plage **Habitat :** fréquente les fonds sablo-vaseux entre 20 et 50 m.
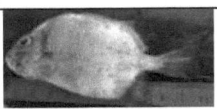 **Famille :** Ephippididae	 **Famille :** Exocoetidae	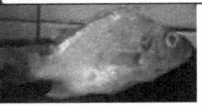 **Famille :** Haemulidae	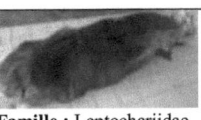 **Famille :** Leptochariidae

Espèce : *chaetodipterus goreensis* (cuvier, 1831) **Nom FAO** : **fr**-Chèvre de mer; **eng**- African spadefish **Nom local** : Ekéké **Taille** : Maximum 50 cm **Méth capt** : Filets calés, sennes, chaluts **Habitat** : Fréquente les zones sablo-vaseuses des estuaires.	**Espèce** : *Hirundichthys affinis* (günther, 1866) **Nom FAO** : **fr**-Exocet hirondelle; **eng**-fourwing flyingfish **Nom local** : poisson oiseau **Taille** : 27 cm **Méth capt** : Filet dérivant, sennes coulissantes, chaluts **Habitat** : pélagique dans les eaux de surface près des côtes.	**Espèce** : *Pomadasys jubelini* (Cuvier, 1830) **Nom FAO** : **fr**-Grondeur sompat; **eng**-Sompat grunt **Nom local** : Daurade tachetée **Taille**: 32 cm en moyenne **Méth capt** : Chaluts de fond et pélagiques, sennes de plage, filets calés **Habitat** : Fréquente les fonds des estuaires à 60m.	**Espèce** : *Leptocharias smithii* (Müller & Henle, 1839) **Nom FAO** : **fr**-Emissole à grandes lèvres; **eng**-Barbeled houndshark **Nom local** : Requin **Taille** : 210 cm **Méth capt** : Lignes, filets maillants de fond calés **Habitat** : Embouchures de rivières, jusqu'à 75 m.
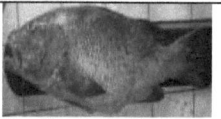		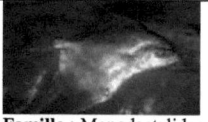	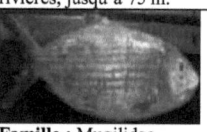
Famille : Lutjanidae **Espèce** : *Lutjanus endecacanthus* (Bleeker, 1863) **Nom FAO** : **fr**-Vivaneau de Guinée; **eng**-Guinean snapper **Nom local** : Carpe **Taille** : Maximum 50 cm **Méth capt** : Lignes à main, filets calés de fond **Habitat** : Fonds rocheux et recifs coralliens.	**Famille** : Lysiosquillidae **Espèce** : *lysiosquilla hoevenii* (herklots, 1851) **Nom FAO** : **fr**-squille-lézard géante ;**eng**-lizard mantis **Nom local** : Stomatopode **Taille** : 27 cm au maximum **Méth capt** : Prises accessoires des chalutiers **Habitat** : Eaux côtières (et parfois estuariennes), à 300 m de profondeur.	**Famille** : Monodactylidae **Espèce** : *Psettias sebae* (Cuvier, 1831) **Nom FAO** : **fr**-Breton africain; **eng**-African moony **Nom local** : Yondo **Taille** : 20,5 cm **Méth capt** : Epervier, filets maillants calés **Habitat** : Cette espèce fréquente les estuaires et les mangroves.	**Famille** : Mugilidae **Espèce** : *Liza falcipinnis* (Valenciennes, 1836) **Nom FAO** : **fr**-Mulet à grandes nageoires; **eng**-Sicklefin mullet **Nom local** : Mulet **Taille** : Maximum 47 cm **Méth capt** : Chaluts de fond, sennes de plage, trémails, lignes **Habitat** : Eaux côtières et saumâtres.
		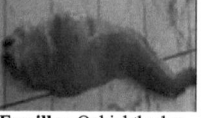	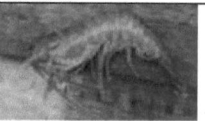
Famille : Muraenidae **Espèce** : *Muraena robusta* (Osorio, 1909) **Nom FAO** : **fr**-Murène robuste; **eng**-Stout moray **Nom local** : Tétrodon **Taille**: 140 cm en moyenne **Méth capt** : Chaluts de fond, lignes **Habitat** : Fréquente les zones rocheuses côtières.	**Famille** : Muricidae **Espèce** : *Murex angularis* (lamarck, 1822) **Nom FAO** : **fr**-Rocher anguleux ;**eng**-Angular murex **Nom local** : Gastéropode **Taille** : 15 cm maximum **Méth capt** : Filets, chaluts **Habitat** : Parmi les rochers du large.	**Famille** : Ophichthydae **Espèce** : *Mystriophs rostellatus* (Richardon, 1844) **Nom FAO** : **fr**-Serpenton gris; **eng**-African spoon-nose eel **Nom local** : Congre **Taille** : Maximum 145 cm **Méth capt** : Chaluts, lignes **Habitat** : Lagunes et eaux côtières jusqu'à 40 m.	**Famille** : Palaemonidae **Espèce** : *Palaemon hastatus* (aurivillius,1898) **Nom FAO** : **fr**-Bouquet étier; **eng**-Estuarine prawn **Nom local** : Njanga **Taille** : 16 cm **Méth capt** : Senne, chalut **Habitat** : Fonds sableux et vaseux, jusqu'à des profondeurs de 50 m.
		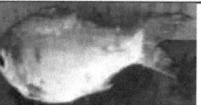	
Famille : Palinuridae **Espèce** : *panulirus regius* (debrito capello, 1864) **Nom FAO** : **fr**-langouste royale; **eng**-royal spiny lobster **Nom local** : lobster **Taille** : 22 cm **Méth capt** : Chaluts, filets **Habitat** : Fréquente les eaux côtières de 5 à 40 m.	**Famille** : Penaeidae **Espèce** : *Penaeus kerathurus* (forsskål, 1775) **Nom FAO** : **fr**-Caramote, **eng**-Caramote prawn **Nom local** : Crevette **Taille** : 24 cm **Méth capt** : chaluts de fond, filets pélagiques **Habitat** : côtière, fréquente les fonds sableux et vaseux.	**Famille** : Polynemidae **Espèce** : *Galeoides decadactylus* (bloch,1795) **Nom FAO** : **fr**-Petit capitaine; **eng**- Lesser African threadfin **Nom local** : Capitaine **Taille** : Maximum 73 cm **Méth capt** : chaluts, sennes **Habitat** : Sur fonds sableux et vaseux.	**Famille** : Polynemidae **Espèce** : *Pentanemus quinquarius* (Linnaeus, 1758) **Nom FAO** : **fr**-Capitaine royal; **eng**-Royal threadfin **Nom local** : Capitaine moustache **Taille** : Maximum 68 cm **Méth capt** : Chaluts, sennes **Habitat** : Fréquente les fonds sableux et vaseux.

 **Famille** : Portunidae **Espèce** : *Portunus validus* (Herklots, 1851) **Nom FAO: fr**-Etrille lisse; **eng**-Smooth swimcrab **Nom local** : crabe **Taille** : 14 cm **Méth capt** : Sennes de plage, trémails, chaluts **Habitat** : Fréquente les fonds côtiers de 1 à 50 m, plus commune durant la saison chaude.	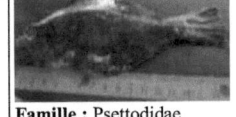 **Famille** : Psettodidae **Espèce** : *Psettodes belcheri* (bennett, 1831) **Nom FAO : fr**- Turbot épineux tacheté; **eng**- Spottail spiny turbot **Nom local** : turbot **Taille** : Maximum 56 cm **Méth capt** : Chaluts de fond, sennes de plage **Habitat** : Fréquente les estuaires, les fonds sableux et rocheux jusqu'à 150m.	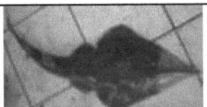 **Famille** : Rhinobatidae **Espèce** : *Rhinobatos rhinobatos* (Linnaeus, 1758) **Nom FAO : fr**-Poisson guitare commun; **eng**-Common guitarfish **Nom local** : Douba **Taille:** 55 cm en moyenne **Méth capt** : Chalut de fond, trémails, palangres **Habitat** : Fréquente les eaux côtières jusqu'à 90 cm.	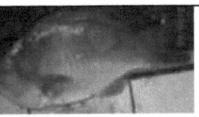 **Famille** : Scaridae **Espèce** : *Scarus hoefleri* (Steindachner, 1882) **Nom FAO : fr**-Perroquet de Guinée; **eng**-Guinean parrotfish **Nom local** : Cameroun **Taille:** 29 cm en moyenne **Méth capt** : Filets calés de fond, chalut de fond **Habitat** : Fréquente les zones rocheuses côtières peu profondes.
 **Famille** : Scaridae **Espèce** : *Sparisoma cretense* (Linnaeus, 1758) **Nom FAO : fr**-Perroquet vieillard; *eng*-P arrotfish **Nom local** : Cameroun **Taille** : 29 cm en moyenne **Méth capt** : Chaluts de fond, filets calés de fond **Habitat** : Eaux peu profondes des côtes rocheuses.	 **Famille** : Sciaenidae **Espèce** : *Pseudotolithus elongatus* (Bowdich, 1825) **Nom FAO : fr**-Otolithe bobo; **eng**-Bobo croaker **Nom local** : Bossu **Taille** : 37,5 cm avec un maximum de 58 cm **Méth capt** : Chaluts, filets, sennes de plage, lignes **Habitat** : Fréquente leseaux saumâtres et les estuaires.	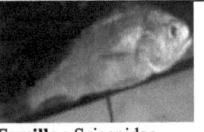 **Famille** : Sciaenidae **Espèce** : *Pseudotolithus senegalensis* (Valenciennes, 1833) **Nom FAO : fr**-Otolithe sénégalais; **eng**-Cassava croaker **Nom local** : Mussobo **Taille** : Maximum 100 cm **Méth capt** : Chaluts, filets **Habitat** : Fond vaseux, sableux ou rocheux.	 **Famille** : Sciaenidae **Espèce** : *Pseudotolithus typus (*bleeker, 1863) **Nom FAO : fr**-otolithe nanka; **eng**-longneck croaker **Nom local** : Mvhei **Taille** : Maximum 100 cm **Méth capt** : Chaluts, filets **Habitat** : Fréquente les estuaires, les fonds vaseux et sableux côtiers.
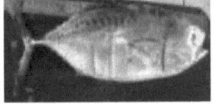 **Famille** : Scombridae **Espèce** : *Auxis rochei* (Rossi, 1810) **Nom FAO : fr**-Bonitou; **eng**-Bullet tuna **Nom local** : Nyanga fish **Taille** : Moyenne 46,8 cm avec un maximum de 100 **Méth capt** : Sennes de plage, sennes coulissantes, filets derivants, lignes trainantes, filets soulevés **Habitat** : Espèces d'eaux chaudes, cosmopolite.	 **Famille** : Scombridae **Espèce** : *Scomberomorus tritor* (Cuvier, 1831) **Nom FAO : fr**-Thazard blanc; **eng**-West African Spanish mackerel **Nom local** : Njébi **Taille** : Maximum 100 cm **Méth capt** : Filets, sennes coulissantes, palangres **Habitat** : Fréquente les eaux côtières chaudes et se rencontre parfois dans les estuaires.	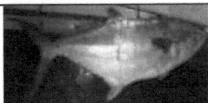 **Famille** : Scombridae **Espèce** : *Thunnus obesus* (Lowe, 1839) **Nom FAO : fr**-Thon obèse; **eng**-Bigeye tuna **Nom local** : Fuma-fuma **Taille** : Maximum 200 cm **Méth capt** : Cannes, filet, palangres, sennes **Habitat** : Espèces fréquentant les zones hauturières, se rencontre aussi dans les prises de la pêche artisanale.	 **Famille** : Scyllaridae **Espèce** : *Scyllarides herklotsii* (Herklots, 1851) **Nom FAO : fr**- Cigale rouge; **eng**-Red slipper lobster **Nom local** : Cigale **Taille** : 25,6 cm **Méth capt** : Chaluts de fond, filets calés de fond **Habitat** : Fréquente les fonds sableux et rocheux de 5 à 70 m de profondeur, parfois 200 m.
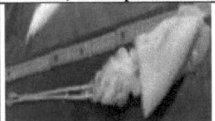 **Famille** : Seplidae **Espèce** : *Sepia elobyana*	 **Famille** : Serranidae **Espèce** : *Cephalopholis nigri*	 **Famille** : Serranidae **Espèce** : *Cephalopholis*	 **Famille** : Serranidae **Espèce** : *Epinephelus*

(adam, 1941) **Nom FAO : fr**-seiche de guinée; **eng**-guinean cuttlefish **Nom local** : Cephalopodes **Taille** : 53,8 cm en moyen avec un maximum de 70 cm **Méth capt** : Prises hasardeuses par les chaluts **Habitat** : Marin côtier et saumâtre.	(Günther, 1859) **Nom FAO : fr**-Mérou du niger; **eng**-Niger seabass **Nom local** : Docteur **Taille** : 26,7 cm en moyen avec un max de 38 cm **Méth capt** : Chaluts de fond, lignes **Habitat** : Fréquente les fonds sablo-rocheux (jusqu'à 75 cm).	*taeniops* (valenciennes, 1828) **Nom FAO : fr**-mérou à points bleus ;**eng**-bluespotted seabass **Nom local** : Mérou rouge **Taille** : 31,8 cm **Méth capt** : Chalut, lignes **Habitat** : Fréquente les zones rocheuses et les fonds sableux (de 3 à 75 m)	*aeneus* (geoffroy st. Hilaire, 1809) **Nom FAO : fr**-Mérou blanc; **eng**- white grouper **Nom local:** Poisson souris **Taille** : Moyenne 23,6 cm **Méth capt** : Chaluts de fond, lignes, palangres **Habitat** : Fréquente les fonds sableux et vaseux jusqu'à 100 m.
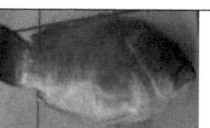	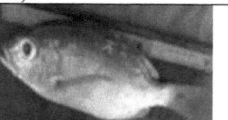	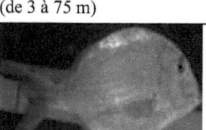	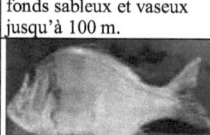
Famille : Serranidae **Espèce** : *Epinephelus goreesis* (Valenciennes, 1830) **Nom FAO : fr**-Mérou dungat; **eng**-Dungat grouper **Nom local** : Mérou **Taille** : 47 cm en moyenne **Méth capt** : Chaluts de fond, palangres, lignes **Habitat** : Fréquente des fonds côtiers rocheux de 0 à 100 m de profondeur.	**Famille** : Sparidae **Espèce:** *Dentex canariensis* (steindachner, 1881) **Nom FAO : fr**-Denté à tache rouge; **eng**-Canary dentex **Nom local** : Dorade rouge **Taille** : Maximum 68 cm **Méth capt** : Chaluts de fond, filets maillants de fond calé, lignes **Habitat** : Fréquente différents types de fonds du plateau continental.	**Famille** : Sparidae **Espèce** : *Dentex congoensis* (Poll, 1954) **Nom FAO : fr**- Denté congolais; **eng**-Congo dentex **Nom local** : Dorade rose **Taille** : Moyenne 32 cm **Méth capt** : Chaluts de fond, palangres de fond **Habitat** : Fréquente différents types de fonds du plateau et talus continentaux	**Famille** : Sparidae **Espèce** : *Dentex maroccanus* (valenciennes, 1830) **Nom FAO : fr**-Denté du maroc; **eng**- Morocco dentex **Nom local** : Dorade grise **Taille** : Moyenne 25 cm **Méth capt** : Chaluts, lignes **Habitat** : Espèces démersales de fonds très variés de 20 à 500m.
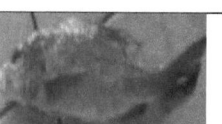	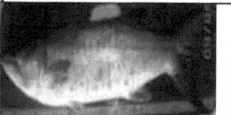		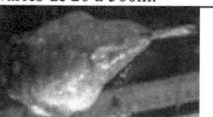
Famille : Sparidae **Espèce** : *Pagrus auriga* (Valenciennes, 1843) **Nom FAO : fr**-Pagre rayé; **eng**-Redbanded seabream **Nom local** : Dorade bicolore **Taille** : 40-60 cm **Méth capt** : Lignes, chalut de fond, filets maillants **Habitat** : Fréquente les fonds côtiers rocheux et sableux jusqu'à 170 m.	**Famille** : Sphyraenidae **Espèce** : *Sphyraena piscatorum* (Cadenat, 1964) **Nom FAO : fr**-Bécune Guinéenne; **eng**-Guinean barracuda **Nom local** : Barracuda **Taille** : Maximum 180 cm **Méth capt** : Chaluts de fond, filets maillants calés, **Habitat** : Fréquente les eaux côtières et estuaires.	**Famille** : Sphyrnidae **Espèce** : *Sphyrna couardi* (Cadenat, 1950) **Nom FAO : fr**-Requin-marteau aile blanche; **eng**-Whitefin hammer-head **Nom local** : Requin-marteau **Taille** : Maximum 300 cm **Méth capt** : Données non disponibles **Habitat** : Pélagique dans les eaux côtières.	**Famille** : Tetraodontidae **Espèce** : *Ephippion guttifer* (Bennett, 1831) **Nom FAO : fr**-Compère à points blancs; **eng**-Prickly puffer **Nom local** : Cocotai **Taille** : 28,6 cm **Méth capt** : Chalut, filets **Habitat** : Commune dans les estuaires et eaux côtières peu profondes.
		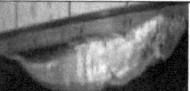	
Famille : Tetraodontidae **Espèce** : *Lagocephalus laevigatus* (Linnaeus, 1766) **Nom FAO : fr**-Compère lisse; **eng**-Smooth puffer **Nom local** : Tetraodon **Taille** : 42,6 cm en moyenne **Méth capt** : Lignes, filets **Habitat** : Commune dans les eaux côtières.	**Famille** : Triakidae **Espèce** : *Galeorhinus galeus* (Linnaeus, 1758) **Nom FAO : fr**-Requin-hâ; **eng**-Tope shark **Nom local** : Shark **Taille** : Autour de 100 cm **Méth capt** : Chaluts de fond, palangres **Habitat** : Démersale et benthopélagique.	**Famille** : Trichiuridae **Espèce** : *Trichiurus lepturus* (Linnaeus, 1758) **Nom FAO : fr**-poisson sabre commun; **eng**-Largehead hairtail **Nom local** : Ceinture **Taille** : Maximum 150 cm **Méth capt** : Pièges, filets, **Habitat** : Espèce benthopélagique.	**Famille** : Volutidae **Espèce** : *Cymbium glans* (gmelin, 1791) **Nom FAO : fr**-Volute trompe d'éléphant; **eng**-Elephant's snout volute **Nom local** : Escargot de mer **Taille** : 23 cm **Méth capt** : Prises accidentelles par les chaluts **Habitat** : Sur fond sableux.

Annexe 4 : Calcul de l'indice de valeur d'importance écologique

Espèces	Ar	Dr	IVI	Espèces	Ar	Dr	IVI
Acanthurus monroviae	1,43	0,41	1,84	*Lutjanus endecacanthus*	0,75	6,10	6,85
Alectis alexandrinus	2,33	0,51	2,84	*Lysiosquilla hoevenii*	1,81	0,10	1,90
Arius heudeloti	2,33	4,72	7,05	*Muraena robusta*	0,53	0,42	0,95
Auxis rochei	0,75	1,07	1,82	*Murex angularis*	1,13	0,29	1,41
Balistes punctatus	1,35	0,47	1,82	*Mystriophs rostellatus*	1,43	1,50	2,93
Caranx crysos	0,83	1,60	2,43	*Naucrates ductor*	0,83	0,16	0,98
Caranx hippos	1,50	1,23	2,74	*Pagrus auriga*	0,98	0,76	1,74
Caranx lugubris	1,13	0,63	1,76	*Palaemon hastatus*	0,98	0,03	1,01
Cephalopholis nigri	2,33	1,19	3,52	*panulirus regius*	2,33	0,94	3,27
Cephalopholis taeniops	0,83	0,41	1,24	*Penaeus kerathurus*	0,75	0,06	0,81
Chaetodipterus goreensis	0,98	0,30	1,28	*Pentanemus quinquarius*	2,26	1,16	3,42
Chloroscombus chrysurus	2,33	0,38	2,71	*Pomadasys jubelini*	2,41	2,19	4,60
Cymbium glans	0,98	0,16	1,14	*Portunus validus*	0,98	0,18	1,16
Cynoglossus monodi	0,90	0,58	1,48	*psettias sebae*	2,26	0,39	2,64
Cynoglossus senegalensis	2,26	0,99	3,24	*Psettodes belcheri*	2,26	1,43	3,68
Dactylopterus volitans	1,58	1,45	3,03	*Pseudotolithus elongatus*	2,48	1,19	3,68
Dasyatis margarita	1,13	1,01	2,14	*Pseudotolithus senegalensis*	0,83	0,86	1,68
Dentex canariensis	2,56	1,54	4,10	*Pseudotolithus typus*	2,33	2,49	4,83
Dentex congoensis	0,75	0,72	1,48	*Rhinobatos rhinobatos*	0,83	1,10	1,93
Dentex maroccanus	2,41	1,56	3,97	*Sardinella aurita*	0,90	0,28	1,19
Diodon liturosus	0,75	0,31	1,07	*Sardinella maderensis*	2,26	0,46	2,72
Drepane africana	2,26	0,38	2,64	*Scarus hoefleri*	0,90	0,98	1,88
Ephippion guttifer	1,05	0,82	1,87	*Scomberomorus tritor*	2,33	2,49	4,83
Epinephelus aeneus	2,48	1,15	3,64	*Scyllarides herklotsii*	1,50	0,65	2,16
Epinephelus goreensis	0,68	0,71	1,38	*Selene dorsalis*	2,48	0,49	2,98
Ethmalosa fimbriata	2,26	0,38	2,64	*Sepia elobyana*	0,83	0,34	1,17
Galeoides decadactylus	2,63	2,37	5,00	*Sparisoma cretense*	0,75	0,64	1,39
Galeorhinus galeus	2,41	4,90	7,31	*Sphyraena piscatorum*	2,26	7,26	9,52
Hemicaranx bicolor	0,83	0,34	1,17	*Sphyrna couardi*	0,90	0,77	1,67
Hirundichthys affinis	0,98	0,74	1,72	*Thunnus obesus*	2,48	7,70	10,18
Ilisha africana	1,05	0,08	1,14	*Tilapia rendalli*	0,23	0,03	0,25
Lagocephalus laevigatus	0,98	1,18	2,16	*Trachurus trecae*	0,98	0,37	1,35
Leptocharias smithii	0,08	19,38	19,46	*Trichiurus lepturus*	2,33	1,22	3,55
Liza falcipinnis	0,75	0,65	1,40	*T. crocodilus crocodilus*	0,83	0,65	1,48

Annexe 5 : Relation taille-poids pour quelques espèces

Tableau A1 : *Arius heudeloti*

Nombre d'invidus = 29
Poids (g) = $1,168*10^{-1} * LT_{(cm)}^{2,485}$

Longueur totale	Effectif observé	Poids moyen observé	poids moyen calculé
20	2	200	199,75
21	1	200	225,5
25	1	300	347,79
26,7	1	480	409,56
30,1	1	600	551,67
33	1	670	693,34
36	1	700	860,7
37	1	800	921,34
40	1	1000	1118,3
41,5	1	1000	1225,44
42	1	1300	1262,45
45	2	1400	1498,56
45,2	1	1500	1515,17
45,4	1	1500	1531,88
47	3	1650	1669,57
47,3	1	1700	1696,18
52,4	1	1900	2187,66
57,3	1	2000	2731,85
59,2	1	2050	2962,52
63	2	2100	3457,83
63,3	1	2500	3498,89
68,3	2	2700	4226,47
70	1	4500	4492,74

Tableau A2 : *Galeoides decadactylus*

Nombre d'invidus = 29
Poids (g) = $8,303*10^{-1} * LT_{(cm)}^{1,871}$

Longueur totale	Effectif observé	Poids moyen observé	poids moyen calculé
6,8	1	30	29,98
7,2	1	30	33,36
9	1	35	50,65
10	2	37,5	61,69
11	2	40	73,73
12	1	60	86,77
14	1	80	115,78
14,6	1	100	125,23
15,2	1	100	135,04
15,5	1	120	140,07
19	3	150	205,01
19,7	1	150	219,37
22	1	200	269,71
24	1	300	317,4
25,5	2	375	355,52
29,3	1	500	461,04
31	1	700	512,35
40	1	850	825,44
50	1	900	1253,16
62	1	1200	1874,13
67,4	1	1600	2191,07
77	2	1725	2810,98
130	1	7500	7488,98

Tableau A3 : *Pentanemus quinquarius*

Nombre d'individus = 27
Poids (g) = $3,495 \times 10^{-2} \times LT_{(cm)}^{2,720}$

Longueur totale	Effectif observé	Poids moyen observé	poids moyen calculé
8	1	10	9,99
12	1	50	30,11
13	1	50	37,44
16,9	1	80	76,43
17,5	3	110	84,04
19,4	2	145	111,24
19,5	1	175	112,8
21,5	2	200	147,12
22	2	225	156,61
23	2	250	176,74
24,1	1	275	200,69
27,3	1	500	281,71
27,5	1	500	287,36
34	2	700	511,76
34,2	2	800	519,99
42	1	800	909,25
45	2	950	1096,94
46,5	1	1200	1199,27

Tableau A4 : *Pseudotolithus elongatus*

Nombre d'individus = 28
Poids (g) = $1,867 \times LT_{(cm)}^{1,473}$

Longueur totale	Effectif observé	Poids moyen observé	poids moyen calculé
5	1	20	19,98
8,7	1	80	45,19
8,9	3	83,33	46,73
17	3	132,5	121,22
17,3	1	150	124,39
19	4	200	142,8
22	1	200	177,22
22,5	2	250	183,19
23	2	275	189,22
25	1	300	213,94
25,6	1	450	221,55
34	1	500	336,52
37,1	1	600	382,67
40	1	700	427,54
41,8	1	700	456,18
42	1	800	459,39
47,1	1	980	543,88
79	1	1000	1165,06
85	1	1300	1297,71

Tableau A5 : *Pseudotolithus typus*

Nombre d'individus = 27
Poids (g) = $1,084 * LT_{(cm)}^{1,647}$

Longueur totale	Effectif observé	Poids moyen observé	poids moyen calculé
7,5	1	30	29,94
9,4	1	60	43,42
22,4	1	150	181,5
23,5	1	200	196,41
24,2	1	250	206,14
27,5	1	300	254,45
28	1	450	262,11
28,2	1	470	265,2
29	2	500	277,71
30	1	500	293,66
34,9	1	600	376,75
35	2	600	378,53
36,3	1	650	401,97
36,8	1	700	411,13
42	1	700	511,11
48	1	800	636,84
50,3	1	850	687,87
51,6	1	900	717,4
56,8	1	980	840,31
70	1	1000	1185,51
73	1	1000	1270,34
79	1	1100	1446,84
79,8	1	1300	1471,05
85	1	1800	1632,23
93	1	1900	1892,86

Tableau A6 : *Ethmalosa fimbriata*

Nombre d'individus = 30
Poids (g) = $3,04*10^{-1} * LT_{(cm)}^{2,047}$

Longueur totale	Effectif observé	Poids moyen observé	poids moyen calculé
5,5	1	10	9,96
6,5	1	10	14,02
7	1	20	16,32
8,2	1	30	22,56
8,5	1	50	24,28
13	5	54	57,95
14,5	1	60	72,47
15	2	70	77,68
16	1	80	88,65
16,5	1	100	94,41
17	2	112,5	100,36
18,5	4	135	119,33
19	1	140	126,03
23	1	150	186,35
25	1	150	221,03
25,1	1	200	222,84
25,3	1	230	226,49
26,1	1	250	241,39
27	3	260	258,74

Tableau A7 : *Penaeus kerathurus*

Nombre d'individus = 10			
Poids (g) = 3,35*10^{-1} * LT $_{(cm)}$ ^{1,860}			
Longueur totale	Effectif observé	Poids moyen observé	poids moyen calculé
9	1	20	19,94
12	1	30	34,06
12,1	1	50	34,59
13	1	50	39,53
13,2	1	60	40,67
14	2	60	45,37
14,2	1	65	46,59
18	1	80	72,41
20,2	1	90	89,74

Tableau A8 : *Sardinella aurita*

Nombre d'individus = 12			
Poids (g) = 8,647*10^{-1} * LT $_{(cm)}$ ^{1,520}			
Longueur totale	Effectif observé	Poids moyen observé	poids moyen calculé
5	1	10	9,98
10	4	45	28,63
18,1	1	95	70,55
20	1	200	82,11
25,1	1	280	115,97
34,5	1	300	188,08
38	1	410	217,83
41	1	450	244,51
73,8	1	600	597,46

Tableau A9 : *Sepia elobyana*

Nombre d'individus = 11			
Poids (g) = 2,064 * LT $_{(cm)}$ ^{1,260}			
Longueur totale	Effectif observé	Poids moyen observé	poids moyen calculé
30	1	150	149,92
40,3	1	180	217,46
45	1	190	249,89
48	1	200	271,06
50	2	200	285,37
50,4	1	250	288,25
60	1	300	359,07
70	1	450	436,04
70,8	1	450	442,33
78	1	500	499,74

Annexe 6 : Photographie des engins utilisés et des méthodes de collecte de données

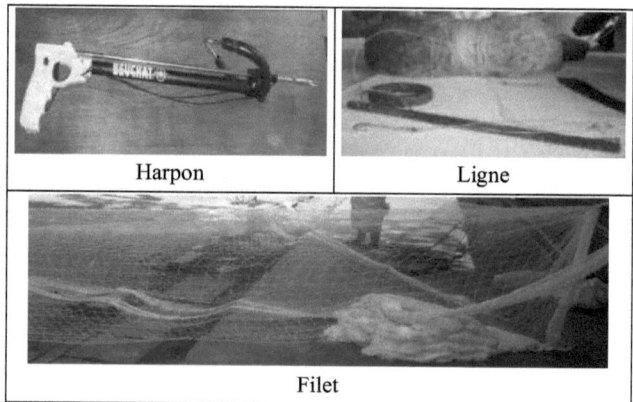

Photo 1 : Quelques types d'engins de pêche utilisés à Kribi

Photo 2 : Mesure de la taille d'un poisson

Photo 3 : Prise du poids d'un poisson

Oui, je veux morebooks!

I want morebooks!

Buy your books fast and straightforward online - at one of the world's fastest growing online book stores! Environmentally sound due to Print-on-Demand technologies.

Buy your books online at
www.get-morebooks.com

Achetez vos livres en ligne, vite et bien, sur l'une des librairies en ligne les plus performantes au monde!
En protégeant nos ressources et notre environnement grâce à l'impression à la demande.

La librairie en ligne pour acheter plus vite
www.morebooks.fr

OmniScriptum Marketing DEU GmbH
Heinrich-Böcking-Str. 6-8
D - 66121 Saarbrücken
Telefax: +49 681 93 81 567-9

info@omniscriptum.com
www.omniscriptum.com

Printed by Books on Demand GmbH, Norderstedt / Germany